U0033277

森活好煮藝

・私廚秘密料理・

周文森——著

Preface

面對料理，永遠不變的一件事
就是「真誠用心」，用感情去對待食材

—— Vincent 周文森

19 歲進入餐飲界，放棄了一般人稱羨的獸醫科，只因為有點叛逆又喜歡吃美食的個性，也因為我的舅舅就是大廚，那一種用料理擄獲人心的成就感和滿足感，令人嚮往。而這 28 年的歷程中，正是因為「喜歡吃美食」的初心，讓我執著於料理也熱衷於創作，不斷地突破料理的可能性。

經營餐廳那麼久，受到許多客人的支持，但這些支持並不是直接的，而是透過外場人員的表達，難免少了一點「真切感」，且叛逆的我開始覺得職涯缺乏挑戰性，大廚的高帽下藏著是想要改變的心情。在這幾年因緣際會擔任全國安麗盃廚藝競賽的指導老師，點燃了我生命的熱情火花！

從西餐廚房裡的主廚轉換成廚藝教室的老師，這兩種都是在做料理，但我需要面對的事情卻是大不相同，不論是環境、做法、目標任務等都有相當大的反差。

在餐廳或飯店時，我的工作就是安排好人事、菜單設計、鎖定營業額三大要素；然而，在教室要面臨的狀況，是很多人難以想像的，例如教室的設備、採購、備料、課程內容的編排、時間的掌控等 ... 以及現場包羅萬象的問題需要等我一一解答，這些都是需要經驗與知識去面對的考驗。但不管在廚房或是在教室中，我秉持著做料理永遠不變的一件事，就是「真誠用心」，用感情去對待食材。

有一回我在課堂上遇到一位旅居國外的學生，回台灣休長假盡孝道，她來學習我的料理回去煮給父母享用，那時她常跟我分享她與父母的互動，也讓我了解她在料理上善盡孝道的喜悅，這才讓我知道料理也能如此幫助人，讓我的學員們能運用料理關心他們所愛的人。

這幾年也有遇過想開店或就業的學員，上課除了教導烹飪技巧以外，我也會不藏私的傳承我所累積的經驗，在這一路上培育出不少出色的徒弟，徒弟們這幾年不管是在飯店、餐廳或是國際烹飪料理比賽中都有相當亮眼的成績，讓我備感欣慰。

在這本《森活好煮藝》中，集結了我多年教學與廚師生涯的經驗，也涵蓋了我對料理的熱忱與感情，真心的希望讀著們去感受我精彩的料理世界，在此也敬祝大家吃的健康，吃的喜樂。

最後感謝所有參與這本書的製作人員，謝謝大家在這段時間盡心盡力的幫助，一同讓此書可以順利且完美的出版，感謝各位！

一本高顏質的西餐料理工具書

放假的時候，我總是喜歡到處參加課程學習。和周文森老師結緣於他的西餐料理課程，超軟嫩的舒肥料理，驚豔我的味蕾。課程結束後，念念不忘周老師的好手藝，我還厚著臉皮，跟周老師團了好幾次的舒肥料理回家大快朵頤。

很開心，周老師願意出書，把他的好手藝跟大家分享。以西餐的大項目為分類，有前菜、沙拉、湯品、肉品、海鮮、義大利麵 & 燉飯、小點等七大項。其中低溫舒肥翼板厚切牛排、低溫舒肥雞肉，這二道軟嫩的口感，讓上過周老師西餐課的我念念不忘。還有還有，超經典的野菇燉飯、簡單做但美味無比的甜菜根&蘋果沙拉，讓人驚豔。奇妙香料烤翅腿，香味讓人吮指回味。健康的南瓜花椰菜米燉飯、最具特色的西班牙海鮮燉飯等等，西餐廳裏最經典的菜色，周老師用簡單易做的方式呈現給讀者在家學習製作，這真的是一本超好用的西餐工具書。

我一直都覺得，西餐的擺盤，是一門藝術。西餐除了烹飪調味外，擺盤技巧非常重要。常常，餐點送上桌時，精緻的擺盤，讓人忍不住按下快門讓相機先視吃，記錄下這美麗的餐點和盤飾。周老師的「森活好煮藝」這本書裏，每一道料理都超高顏質。讓大家用盤飾和配菜，豐富餐盤裏的料理，西餐擺盤的顏色搭配，是一門藝術，學會擺盤，能夠讓餐桌及餐點充滿生機、春意盎然、食慾大增。

技巧提升格調，現在，就讓我們走入廚房，跟著「西餐的藝術家」周文森老師的「森活好煮藝」這本西餐工具書，在家學習做西餐，豐富我們的廚藝，讓我們的餐桌更驚豔。

烘焙女王 [signature]

Foreword

跟著師傅開始 " 真正的廚房生涯 "

30 幾年的美好歲月裡，我始終熱愛著餐飲、美食、烹飪，我認為自己與餐飲的命運相會應該會在很早之前就開始，但礙於餐飲的環境不佳，拜師得來不易。在我一個人摸爬滾打中，終於在入行的第六年遇到了我人生中最重要的貴人，我的師傅周文森。

我是一個非常熱愛餐飲的人，才加入餐飲行業當中，但要深入專研專業性技巧知識，需要拜師學藝。因緣際會下我不顧一切去跟著師傅開始，真正的廚房生涯，雖然我們短短在一起七八年，但師父從頭到尾沒任何隱瞞，將所有技術都傳授給我，這是我非常非常感動的地方。當然我也很珍惜這一個好師傅，恨不得將他一生中所學所看到的一切塞進我腦中，讓我更全心全意地努力學習烹飪。

離開師傅後，我隻身來到大陸發展，也當上了五星級酒店的行政主廚，也在州際比賽中四次奪牌，這一切的榮耀都要歸於我師傅。

最重要的是看了這本書，你絕對不會後悔，他會對你的廚藝或者是做菜裡面的技巧有很大的精進，希望這本書裡面精練過的所有知識、作法跟秘訣訣竅，也讓你能做出這世上最受歡迎、美味的佳餚，祝好運。

蘇州藍博基尼書院酒店丹尼斯法餐廳
行政主廚長 周奕霞

Foreword

自己的美食自己做

現代人三餐幾乎都是外食居多，長期下來，總有飲食是否均衡等問題，而周遭許多朋友也曾嚐過不少各地特殊風味的佳肴，可惜常礙於生活忙碌，沒有閒情逸致去研究方法，而欲享用美食時，也常迷思於名店或名廚。所幸，我在 2015 年起，因緣際會受教於文森老師之廚藝課程，才開啟了自己的美食自己做這扇門。

日文中有「職人」一詞，意指擁有專業技術之工匠或師傅。他們始終專注於自己擅長的領域，持續精進自己的技藝，只為讓自己的技術能更爐火純青。很高興我心目中的料理職人——文森老師將其多年對各式料理之寶貴經驗，撰寫成書。

在本書付梓之前，很榮幸獲文森老師之邀書序，相信日後即便因時間等關係無法親上老師的課，也能透過此書在家就輕鬆做出專屬於自己的美食料理，也相信這是一本足以讓你廚藝精進並進而傳承的書，謹以感謝及期待此書問世之心，爰成此序。

台新國際商業銀行
分行經理

究極美食的藝術魔法師

西方近代史第一位美食家布里亞撒瓦蘭曾說過：「發現一道新菜，要比發現一顆新行星給人類造福更大。」

我所認識的文森老師是富有海派個性、不拘小節的一位主廚，更是一位究極美食的藝術魔法師。認識也超過 10 年，看到文森老師在廚藝教學界，逐漸展露光芒、以精湛且高超的手藝，並巧妙運用台灣在地食材，顛覆一般人的刻板印象，料理出健康與美味兼具的異國美食，呈現不凡的創意料理，每一道都是那麼令人回味無窮。

然而，提到異國美食，不禁讓我聯想到彼得·梅爾在《法國盛宴》中描述的法式美食，村上春樹也在《遠方的鼓聲》介紹美味的南法食物。而文森老師更是將異國料理與台灣食材結合得恰到好處，在廚藝教學界嚴然成為一股食尚風潮，每次烹飪教學開班授課更是座無虛席，造福著想滿足味蕾卻又不知從何學起的學生們。

而在文森老師的這本新書中，更是不藏私，詳細介紹、詳細分類了西餐基本定義的開胃菜、湯品、沙拉、義大利麵、主菜、甜點各種的烹飪技巧，也將自己成功研發的各種低溫烹調食譜，真心與大家分享，帶領我們認識真正的異國美食如何在地化、台灣化。

讀者們更可以帶著這本書的文字、圖片與烹飪步驟，直接走進廚房、捲起袖子跟著文森老師的腳步，透過親手烹飪和自身的味蕾，來一段食尚旅程。洋溢隨性自然、充滿陽光，天然健康的異國佳餚，開啟你充滿藝術的料理境界，感受另一種美食風景。

好桌餐飲顧問公司營運長 謝長勝

用前所未有的溫度與質感來表現料理的無限可能

提到和周文森老師的緣份，真的的很特別！認識文森老師是在 2019 年十一月份。之前我待在上海工作和生活，2019 年下半年回台後因饞於美食，就在網路的世界中熱搜了一番，無意間竟發現文森老師開了一系列我喜歡的料理課程，引我想要親身去了解這些料理的過程，至此，開啟了我與文森老師美食相識的一段序曲。

文森老師對美食的熱愛，可以從他所教授的各種菜餚課程中看出來，他對於料理過程充足的信心與堅持，也展現在了從準備高品質食材、到烹飪和擺盤的每一步驟之中，更讓所有的成品令人驚豔不已，賞心悅目。值得一提的是，從各項西餐到分子料理，文森老師用前所未有的溫度、質感來表現味道及口感，使色、香、味三方面具有無限可能，文森老師的豐富經驗也把無法想像的分子美食帶到眼前，帶來了多彩而難忘的美食。

對於食材的選擇文森老師更是講究，他自豪以天然、高品質的食材並透過嚴謹的準備和烹調過程，來創造無與倫比的美味，如：濃縮野菇紅藜麥、米蘭燉牛膝、法式松露鵝肝雞肉捲、韃靼鮭魚明蝦、法式澄清湯等等，親眼看著文森老師示範料理是種另類享受，金箔的點綴、食用花的色澤搭配、醬料的調製，對於這些料理的擺盤裝飾運用，更是畫龍點睛。

文森老師不僅僅是個美食料理大師，為人更是幽默親切，常讓學員們熱切不停提問，他對料理的熱情、創意、認真，都深受學員們的喜愛。這一路在美食學習上，從學員到好友，讓我非常榮幸能為周文森老師的新書振筆提序。我相信這是一本會帶給大家對美食的不同認知和全新視野，每一道料理都能滿足大家挑剔的味蕾！

外商公司董事長 Elyn Jane

上課資訊

北部		
橙品手作烘焙廚藝	台北市北投區裕民六路 130 號	02-2828-8800
好學文創	新北市土城區金城路二段 386 號	02-8261-5909
麥田金	桃園市八德區銀和街 17 號	03-374-6686
果子製作推廣協會	宜蘭縣員山鄉枕山路 142 之 1 號	0926-260-022
36 號烘焙廚藝	新竹縣竹北市文明街 36 號	03-553-5719
樂廚廚藝教室	台北市內湖區成功路四段 62 號 2 樓	02-8791-0289

中部		
永誠行	台中市西區民生路 147 號	04-2224-9876
永誠行 (精誠店)	台中市西區精誠路 317 號	04-2472-7578
永誠行 (彰化店)	彰化縣彰化市三福街 195 號	04-724-3927
柳川技藝烘焙補習班	台中市西區公館路 19 號	04-2372-7177

南部		
哲也廚藝教室	台南市南區永南二街 46 號	06-261-6776
烘樂家親子烘焙教室	高雄市鳳山區鳳頂路 343 號	0932-760-225

100% Pure Milk From New Zealand

特級香濃
鳳梨酥指定專業奶粉

100%紐西蘭純淨乳源

●紅牛全脂奶粉1kg

ISO22000及HACCP雙重驗證

官網

FB

奕瑪國際行銷股份有限公司
網址：buy.healthing.com.tw TEL：0800-077-168

Contents

1 Chapter 前菜 APPETIZER

2 Chapter 沙 拉 SALAD

3 Chapter 湯 品 SOUP

4 Chapter

肉　　品

MAIN COURSE

5 Chapter

海　　鮮

SEAFOOD

6 Chapter 義大利麵 & 燉飯
PASTA & RISOTTO

7 Chapter 小 點
SNACKS

·特殊食材·

百里香葉

義大利綜合香料

杜松子

迷迭香葉

茵陳蒿

俄力岡葉

煙燻紅椒粉

香蒜粉

洋蔥粉

墨西哥綜合香料

基礎雞高湯

| 材料 |

- 清水…5000 ～ 6000c.c.
- 雞骨…2 斤
- 洋蔥…1 顆
- 紅蘿蔔…1 條
- 西芹…2 支
- 蒜苗…1 支
- 月桂葉…2 片
- 白胡椒原粒…1 撮

| 準備作業 |

◆ 洋蔥、紅蘿蔔去皮切大塊，西芹、蒜苗切段。

| 作法 |

❶ 雞骨汆燙至熟。

❷ 將所有材料放入深鍋中，燉煮 2 小時即完成。

作法 ❶

作法 ❷

基礎燉飯

材料

- 洋蔥末…100 克
- 蒜末…15 克
- 義大利米…500 克
- 雞高湯…1000ml
  （參考 P.16）
- 白酒…30ml

作法

❶ 熱鍋放入 2 大茶匙橄欖油，爆香蒜末至金黃色，加洋蔥末炒至香氣出來。
❷ 放入義大利米炒 3 分鐘，嗆入白酒稍微收汁。
❸ 加入雞高湯燉煮。
❹ 完全收汁即完成基礎燉飯，須放置平盤散熱。

Chapter 1

前　菜

APPETIZER

南非恰卡拉卡

材料

A
- 橄欖油…1 大茶匙
- 蒜頭…2 瓣
- 洋蔥…1/4 顆
- 薑…1/2 茶匙

B
- 牛蕃茄…2 顆
- 高麗菜…1/4 顆
- 紅蘿蔔…1/4 條
- 紅甜椒…半顆
- 黃甜椒…半顆
- 茄汁白豆罐頭………200 克

C
- 百里香…少許
- 扁葉荷蘭芹…1 小撮

調味料
- 咖哩粉…2 茶匙
- 匈牙利紅椒粉…1 茶匙
- 辣味煙燻紅椒粉……………1/2 茶匙
- 海鹽…1 茶匙
- 黑胡椒…少許
- 巴薩米克醋…2 茶匙

準備作業

- 〔材料 A〕蒜頭去皮切末，洋蔥去皮切丁，薑切末。
- 〔材料 B〕牛蕃茄去蒂切丁，高麗菜切粗絲，紅蘿蔔去皮切碎，紅黃甜椒去蒂切丁。
- 〔材料 C〕扁葉荷蘭芹切碎。

作法

❶ 鍋中放入橄欖油稍微加熱，加入〔材料 A〕拌炒。

❷ 完全爆香。

❸ 〔材料 B〕全部放入鍋裡，用中火炒至蔬菜出水，加入〔**調味料**〕拌炒均勻。

❹ 最後撒上〔材料 C〕。

紫羅蘭鮭魚捲 & Tapas

材料

A
紫高麗菜…半顆
無鹽奶油…150 克

（1 捲份量）

B
洋蔥絲…3 條
酸豆…6 顆
煙燻鮭魚…1 片

調味料
白酒醋…300ml
細砂糖…200 克
鹽…1/2 茶匙
葡萄乾…60 克

準備作業

- 〔材料 A〕紫高麗菜洗淨切絲，走水 10 分鐘。
- 〔材料 B〕煙燻鮭魚對半切。

作法

❶ 鍋子加熱放入〔材料 A〕。
❷ 拌炒至蔬菜軟化。
❸ 加入〔**調味料**〕，小火翻炒 5 分鐘，取出放涼。
❹ 將煙燻鮭魚鋪平，擺上炒好紫高麗菜、洋蔥絲、酸豆捲起即完成。

作法 ❶

作法 ❷

作法 ❸

作法 ❹

蕃茄海鮮燉飯可樂球

| 材料 |

A
- 無鹽奶油…2 大茶匙
- 蒜頭…20 克
- 洋蔥…100 克
- 蝦仁…150 克
- 中卷…150 克

B
- 蕃茄碎罐頭…400 克
- 雞高湯…600ml（參考 P.16）
- 茵陳蒿…1 茶匙
- 俄力岡葉…1 茶匙

C
- 煮熟的泰國米…600 克
- 松子…50 克

D
- 低筋麵粉…150 克
- 雞蛋…5 顆
- 麵包粉…100 克
- 櫻花蝦…50 克

E
- 起司…每顆 5 克

調味料
- 白酒…20ml
- 鹽…適量
- 細砂糖…適量

| 準備作業 |

◆〔材料 A〕蒜頭、洋蔥去皮切碎，蝦仁洗淨去腸泥切小丁，中卷洗淨切小丁。

◆〔材料 D〕雞蛋打勻，麵包粉與剁碎的櫻花蝦混和拌勻。

| 作法 |

❶〔材料 A〕放入鍋中用大火炒至香氣出現約 4 分鐘，嗆入白酒拌勻。

❷ 加入〔材料 B〕轉小火煮 3 分鐘。

❸ 再加入〔材料 C〕、鹽、細砂糖小火慢燉 5 分鐘，取出放涼。

❹ 將放涼的燉飯捏成球狀，包入起司捏緊，每顆重量約 60 克。

❺ 將可樂球依序沾上麵粉、蛋液，再沾上混和好的櫻花蝦麵包粉。

❻ 起油鍋約 170～180℃，放入可樂球炸至金黃色即可起鍋。

作法 ❶

作法 ❷

作法 ❸

作法 ❹

作法 ❺

作法 ❻

南義果醋
海鮮馬丁尼杯

材料

A
- 鮮蚵…300 克
- 小花枝…10 尾
- 蛤蜊…1 斤
- 蝦仁…半斤
- 清水…1000c.c.

B
- 蒜頭…4 克
- 小蕃茄…10 顆
- 巴西里碎…1 撮
- 酸豆…1 茶匙
- 黑橄欖…8 顆

C
- 檸檬汁…1 顆
- 白酒醋…45ml
- 鹽…1/2 茶匙
- 細砂糖…1/2 茶匙

D
- 薄荷葉…適量
- 茴香…適量

作法 ❶

作法 ❷

作法 ❸

作法 ❹

準備作業

◆〔**材料 B**〕蒜頭去皮切末，小蕃茄去蒂切小丁，黑橄欖切片。

作法

❶ 小花枝洗淨切小丁，蝦仁洗淨去腸泥切小丁。

❷ 取一深鍋放入〔**材料 A**〕，小火煮 20 分鐘，放涼備用，蛤蜊需去殼取肉。

❸ 加入〔**材料 B**〕混和。

❹ 再加入〔**材料 C**〕拌勻，冰鎮一個晚上，擺入馬丁尼杯中，用薄荷葉或茴香裝飾即完成。

香檸甜蔥烤雞

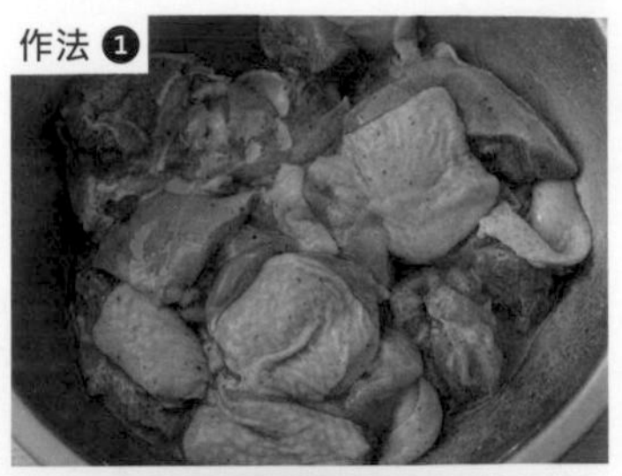
作法 ❶

作法 ❷

作法 ❸

作法 ❹

作法 ❺

作法 ❻

材料

- 雞腿…3 隻
- 無鹽奶油…2 大茶匙
- 洋蔥…2 顆
- 蒜頭…5 瓣
- 清水…360c.c.
- 濃縮雞汁…30ml
- 黃檸檬…2 顆
- 新鮮百里香…8 枝
- 檸檬汁…半顆

調味料

- 鹽…1 茶匙
- 黑胡椒…1/2 茶匙
- 低筋麵粉…2 大茶匙
- 白酒…2 大茶匙
- 橄欖油…2 大茶匙

準備作業

◆ 雞腿去骨，一開六。

◆ 洋蔥去皮切絲，蒜頭去皮切末，黃檸檬切片。

作法

烤箱溫度依每個廠牌狀態不同，溫度會有些許差異。

❶ 雞塊用〔**調味料**〕醃漬 20 分鐘。

❷ 放入鍋中煎至兩面金黃色，放入深烤盤。

❸ 另起一鍋子，放入無鹽奶油、洋蔥絲、蒜末小火慢炒 15 分鐘成淡茶色。

❹ 加入清水、濃縮雞汁慢煮 10 分鐘至軟化收汁。

❺ 將洋蔥絲醬汁淋在雞肉上。

❻ 鋪上新鮮百里香、黃檸檬片，擠上檸檬汁，蓋上錫箔紙，放入烤箱上下火 200℃烤 40 分鐘，出爐即完成，冷熱吃各有不同風味。

青醬繽紛水果貝殼麵

材料

A 青醬
- 九層塔…200 克
- 巴西里…80 克
- 芝麻醬…20 克
- 花香醬…1 茶匙
- 蒜頭…50 克
- 鹽…1/2 大茶匙
- 黃芥末醬…2 茶匙
- 橄欖油…300ml

B
- 貝殼麵…1 包（500 克）

C
- 奇異果…2 顆
- 鳳梨…1/4 顆
- 風乾蕃茄…2 大茶匙

D
- 青醬…200 克
- 美乃滋…2 大茶匙
- 起司粉…1 大茶匙

準備作業

◆〔**材料 A**〕蒜頭去皮。

◆〔**材料 C**〕奇異果、鳳梨去皮切小丁，風乾蕃茄切小丁。

作法

❶〔**材料 A**〕放入果汁機中。

❷ 可加 6 塊冰塊一起打，防止葉綠素氧化。

❸ 取一深鍋加 4 公升水、1 茶匙鹽，水滾後放入貝殼麵，轉中小火煮 7 ～ 9 分鐘，可以依照個人習慣的軟硬度，調整煮的時間，起鍋瀝乾水份，拌入 70ml 的橄欖油放涼。

❹ 將放涼的貝殼麵加入〔**材料 D**〕拌勻，鋪上〔**材料 C**〕即完成。

作法 ❶

作法 ❷

作法 ❸

作法 ❹

義大利
酥脆花椰菜泥

| 材料 |

A | 白花椰菜…1 顆（約 350 克）

B | 雞蛋…1 顆
帕瑪森起司…2 大茶匙
黑胡椒…1/2 茶匙
鹽…1/4 茶匙
細麵包粉…4～5 大茶匙

C | 日式美乃滋…400 克
水煮蛋…2 顆
蒜泥…1 大茶匙
芥末醬…1 大茶匙
檸檬皮碎…1 顆

| 作法 |

❶ 白花椰菜洗淨切開，放入滾水中加入 1 茶匙鹽，水煮 20 分鐘，取出放涼。
❷ 放涼白花椰菜加入〔材料 B〕。
❸ 混和壓拌成泥狀。
❹ 用湯匙將拌好的花椰菜泥整形為橢圓球狀。
❺ 起一油鍋約 180℃炸至金黃色。
❻ 將〔材料 C〕混和拌勻成日式蒜香蛋黃芥末醬即作沾醬食用。

老海灣蟹肉餅

示範影片

影片來源：NTD 廚娘香Q秀

材料

- 蟹腿肉…100 克
- 蟹肉棒…50 克
- 紅蘿蔔…50 克
- 蝦仁…50 克
- 洋蔥…50 克
- 西芹…50 克
- 雞蛋…1 顆

調味料

- 海鹽…1/2 茶匙
- 黑胡椒…1/4 茶匙
- 黃芥末…1 茶匙
- 美乃滋…2 茶匙
- 麵包粉…50 克
- 玉米粉…30 克

準備作業

◆ 蟹腿肉切小丁，蟹肉棒切碎，紅蘿蔔去皮切小丁，洋蔥去皮切碎，西芹切碎。

作法

❶ 將所有材料放入鋼盆中。

❷ 加入〔**調味料**〕混和拌勻。

❸ 取出約 80 ～ 100 克先整形成球狀，再壓扁成餅狀。

❹ 熱鍋將兩面煎至上色即可，可搭配蕃茄醬食用。

作法 ❶

作法 ❷

作法 ❸

作法 ❹

水牛城辣味雞翅

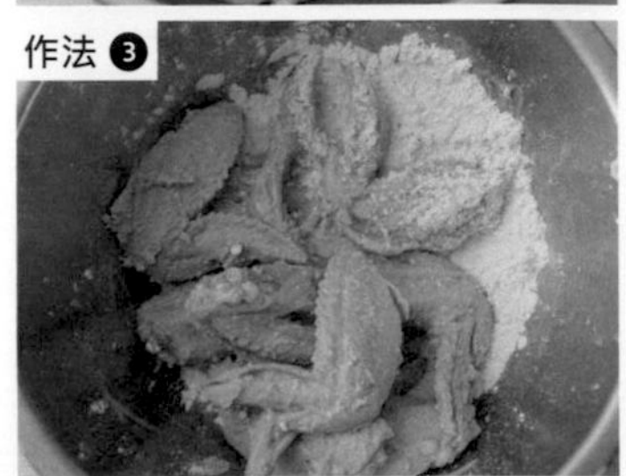

材料

A
- 雞翅…10 隻
- 洋蔥粉…1 大茶匙
- 蒜粉…1 大茶匙
- 白酒…60ml
- 橄欖油…60ml
- 鹽…1/2 茶匙

B
- 低筋麵粉…100 克
- 脆酥粉…50 克

C 水牛城辣醬
- 蕃茄醬…200ml
- 是拉差醬…70ml
- TABASCO…2 茶匙
- 黑胡椒…1/2 茶匙
- 檸檬汁…1 顆

作法

1. 取二節翅，在兩骨中間輕劃一刀。
2. 雞翅加入〔材料 A〕拌勻，醃漬 4 小時。
3. 混和〔材料 B〕，將醃好雞翅均勻沾上，靜置 10 分鐘。
4. 起一油鍋約 170℃，放入雞翅炸約 2 分半鐘撈起，再將油溫加熱到 200℃放入雞翅搶酥 10 秒鐘即可起鍋。
5. 將〔材料 C〕混和拌勻成水牛城辣醬。
6. 炸好雞翅加入辣醬拌勻即完成。

野菇鮮蝦奶油焗蛋

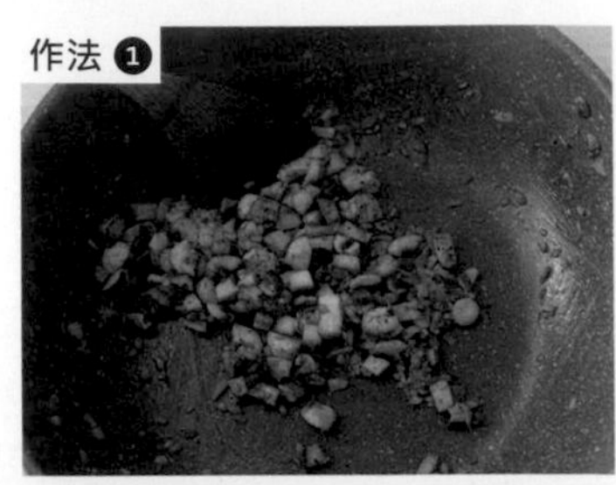

材料

A
- 蒜末…1 茶匙
- 洋蔥末…1 茶匙
- 無鹽奶油…1 大茶匙
- 草蝦…4 尾
- 香菇…4 朵

B
- 雞蛋…2 顆
- 動物性鮮奶油…2 大茶匙

調味料 A
- 鹽…1/4 茶匙
- 黑胡椒…1/4 茶匙
- 細砂糖…1/4 茶匙

調味料 B
- 鹽…少許
- 黑胡椒…少許

準備作業

◆〔材料 A〕草蝦洗淨去殼去腸泥切小丁、頭尾蝦殼預留，香菇去蒂切小丁 (可依喜好加入其他菇類)。

作法

烤箱溫度依每個廠牌狀態不同，溫度會有些許差異。

❶ 熱鍋加入蒜末、洋蔥末、無鹽奶油炒香，再加入草蝦丁、香菇丁拌炒均勻，加入〔**調味料 A**〕拌勻。

❷ 取 2 個布丁杯放入炒香的餡料，再加入〔**材料 B**〕。

❸ 撒上〔**調味料 B**〕。

❹ 將預留的頭尾蝦殼放上裝飾。

❺ 放入烤箱上下火約 190℃，烤 10 ～ 15 分鐘，出爐後可撒上巴西里碎。搭配麵包當沾醬也很棒。

雞肝抹醬

材料

A
- 洋蔥末…3 茶匙
- 蒜末…1 茶匙
- 橄欖油…2 大茶匙
- 酸豆…1 小撮
- 鯷魚…4 尾

B
- 雞肝…150 ～ 200 克

C
- 白酒…30ml
- 茵陳蒿…1/2 茶匙
- 俄力岡…1/2 茶匙
- 黑胡椒…適量
- 鹽…3 克
- 細砂糖…3 克
- 鮮奶油…50ml

D
- 法國麵包…適量

準備作業

◆〔材料 B〕雞肝去筋膜洗淨。

作法

❶ 熱鍋放入 2 大茶匙橄欖油，放入〔材料 A〕爆香，再加入〔材料 B〕炒香。

❷ 加入〔材料 C〕炒約 5 分鐘至收汁。

❸ 放入調理機中打匀。

❹ 可加些巴西里碎，搭配法國麵包食用。

作法 ❶

作法 ❷

作法 ❸

作法 ❹

易烘焙 EZbaking

易烘焙 讓第一次烘焙和料理 輕鬆上手！
5年的好口碑相傳
好吃、好玩又高質感的烘焙體驗
各式各樣甜點、麵包、中餐、西餐
還有應有盡有的達人分享會！
心動不如馬上行動
趕快加入LINE及FB看更多！

Facebook

LINE

透過行動條碼加入LINE好友
請在LINE應用程式上開啟「好友」分頁，
點選畫面右上方用來加入好友的圖示，
接著點選「行動條碼」，然後掃描此行動條碼。

ezbakingdiy@gmail.com

106臺北市大安區信義路四段265巷5弄3號 0984-345-347 / 241 新北市三重區捷運路19巷6弄20號2樓 0984-345-347
（信義安和站 5 號出口左轉步行 2 分鐘） （三重捷運站 2 號出口步行一分鐘）

Chapter
2
沙 拉
SALAD

Mozzarella 蕃茄沙拉

材料

- 牛蕃茄…2 顆
- 莫札瑞拉水牛起司…2 顆
- 羅勒葉…6 ～ 8 片
- 鹽…適量
- 黑胡椒…適量
- 初榨橄欖油…2 大茶匙
- 巴薩米克醋…1 大茶匙

作法

❶ 牛蕃茄洗淨去蒂，切成約 0.8 公分厚片。

❷ 莫札瑞拉水牛起司同樣手法切成 0.8 公分厚片。

❸ 將牛蕃茄、水牛起司、羅勒葉互相間隔，以部分重疊方式擺放。

❹ 撒上鹽、黑胡椒，淋上巴薩米克醋、初榨橄欖油即完成。也可以用噴槍稍微將蕃茄烤上色增添香氣哦。

作法 ❶

作法 ❷

作法 ❸

作法 ❹

義大利油醋海鮮沙拉

材料

- 草蝦…12隻
- 透抽…1尾（300克）
- 淡菜…12個
- 鳳梨…1/4顆
- 小蕃茄…100克
- 洋蔥…1/4顆
- 巴西里…1小撮
- 蒜末…1茶匙
- 紅甜椒…半顆
- 黃甜椒…半顆
- 黑橄欖…10顆
- 紅心橄欖…10顆

調味料

鹽…1/2茶匙
細砂糖…1茶匙
初榨橄欖油………2大茶匙
白蘭地…1/2茶匙
白酒醋…4大茶匙
檸檬汁…1顆

準備作業

◆ 透抽洗淨切花刀再切小塊。洋蔥去皮切絲，泡冰水10分鐘。巴西里切碎。

作法

❶ 草蝦洗淨去腸泥、去殼留尾，淡菜洗淨去掉一邊殼。

❷ 鳳梨去皮切丁，小蕃茄去蒂切對半，紅黃甜椒去蒂去籽切小塊，黑紅橄欖切片。

❸ 取一鍋2公升水加入1茶匙鹽，水滾後放入草蝦、淡菜、透抽燙熟即撈起，冰鎮備用。

❹ 將所有材料放入碗中，加入〔**調味料**〕拌勻即完成。

作法❶

作法❷

作法❸

作法❹

亞麻仁油
油醋核桃沙拉

材料

A
- 巴薩米克醋…100ml
- 亞麻籽油…100ml
- 薄荷葉…10 片

B
- 芝麻葉…20 克
- 蘿蔓生菜…80 克
- 小蕃茄…5 顆
- 綜合生菜…80 克

C
- 烤熟的核桃…30 克

準備作業

◆〔**材料 B**〕小蕃茄去蒂切半。

作法

❶ 先將巴薩米克醋放入果汁機中乳化 1 分鐘。

❷ 再加入亞麻籽油、薄荷葉攪打乳化 1 分鐘。

❸〔**材料 B**〕除了小蕃茄，洗淨泡入冰水。

❹ 將蔬菜撈起瀝乾水份擺盤，再放上小蕃茄，淋上醬汁 3 大茶匙，再撒上〔**材料 C**〕即完成。

作法 ❶

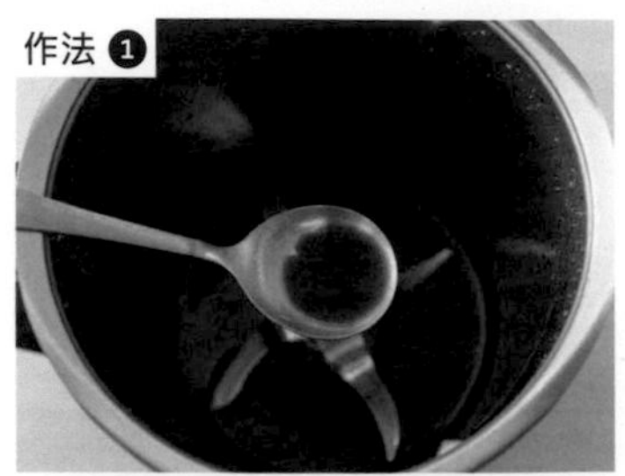

作法 ❷

作法 ❸

作法 ❹

凱薩沙拉

材料

A
- 蘿蔓生菜…1 顆
- 帕瑪森起司…適量
- 培根…2 片
- 吐司…2 片
- 烤熟核桃碎…………1 大茶匙
- 烤熟松子…50 克

B 沙拉醬
- 美乃滋…500 克
- 初榨橄欖油…100ml
- 蒜頭…60 克
- 鯷魚…1 小盒
- 起司粉…50 克
- 黑胡椒…10 克
- 梅林醬油…30ml
- 芥末醬…30ml
- 檸檬汁…1 顆

作法

❶ 〔**材料 B**〕中除了美乃滋以外，其餘材料放入果汁機中，打勻。

❷ 再加入美乃滋攪拌均勻。

❸ 蘿蔓生菜洗淨泡冰水。

❹ 培根烤到微焦切碎，吐司切丁烤至金黃色；將沙拉醬、生菜、培根、吐司丁、松子組合即完成。

作法 ❶

作法 ❷

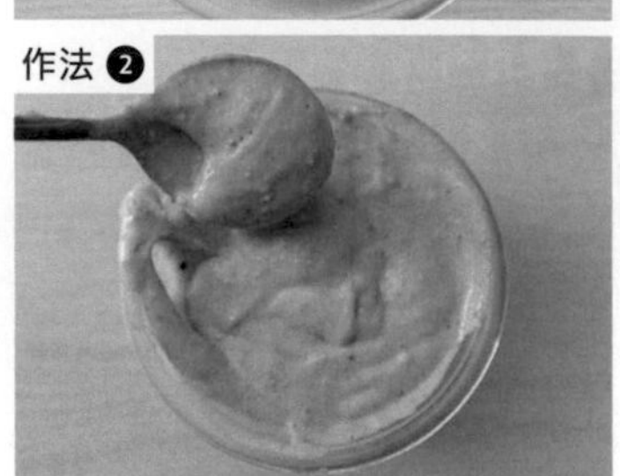

作法 ❸

作法 ❹

甜菜根 & 蘋果沙拉

材料

A
- 楓糖漿…60ml
- 巴薩米克醋…60ml
- 初榨橄欖油…60ml
- 蒜末…1/2 茶匙
- 鹽…1/2 茶匙
- 黑胡椒…1/4 茶匙
- 甜菜根…800 克
- 蘋果…2 顆
- 松子…20 克
- 葡萄乾…20 克

B
- 芝麻葉…適量

作法

烤箱溫度依每個廠牌狀態不同，溫度會有些許差異。

❶ 將甜菜根用錫箔紙包起，放入烤箱上下火 200℃烤 120 分鐘，可用筷子戳戳看有沒有熟透。

❷ 烤好的甜菜根放涼後，去皮切小塊；蘋果去皮切丁。

❸ 將〔**材料 A**〕攪拌均勻，冷藏一晚。

❹ 芝麻葉洗淨泡冰水，撈出瀝乾後，取出隔夜的甜菜根蘋果餡料搭配食用。

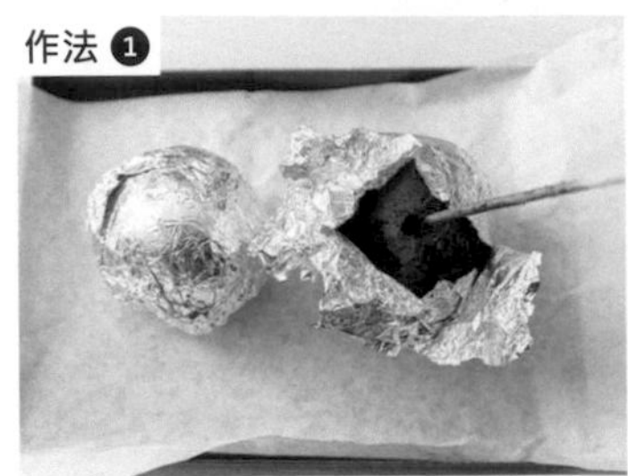
作法 ❶

作法 ❷

作法 ❸

作法 ❹

紅火龍優格沙拉

材料

A 沙拉醬
- 無糖原味優格…200ml
- 蕃茄…20 克
- 紅火龍果…1/4 顆
- 蜂蜜…1 大茶匙

B
- 綜合嫩葉生菜…100 克

準備作業

◆〔**材料 A**〕紅火龍果去皮切四等分，蕃茄去蒂切片。

作法

❶〔**材料 A**〕放入果汁機中。
❷ 打均勻成沙拉醬。
❸ 綜合嫩葉生菜洗淨泡冰水，撈出瀝乾。
❹ 將生菜擺盤，淋上沙拉醬即完成。

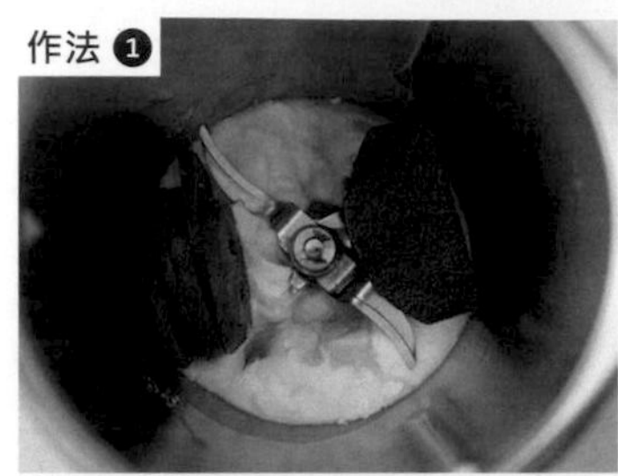
作法 ❶

作法 ❷

作法 ❸

作法 ❹

蘋果油醋沙拉

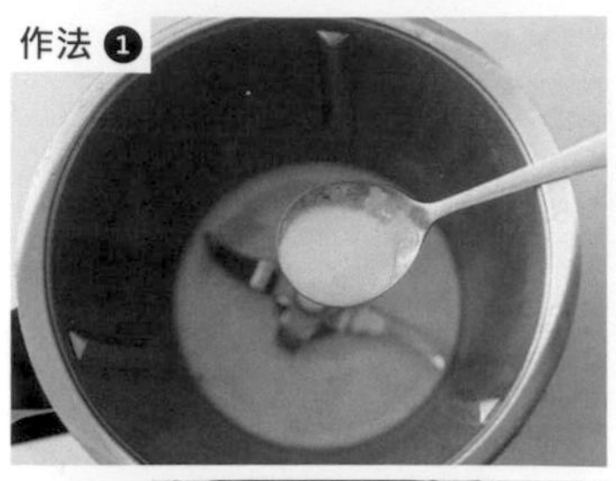
作法 ❶

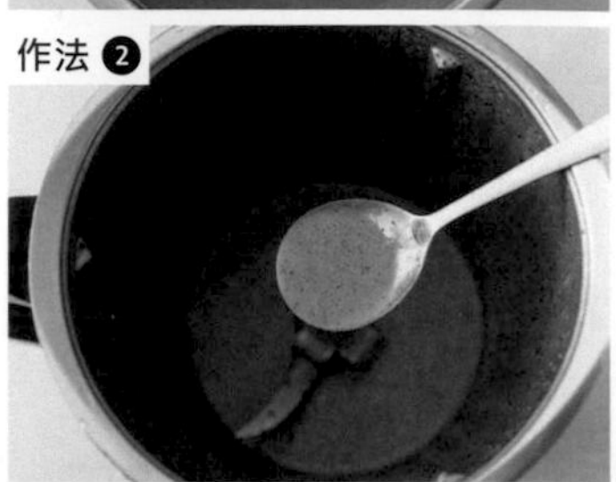
作法 ❷

作法 ❸

作法 ❹

作法 ❺

材料

A 沙拉醬

蘋果醋…100ml
初榨橄欖油…100ml
薄荷葉…15 片
芥末籽醬…1 茶匙

B

綜合嫩葉生菜…200 克（2 人份）
綜合水果…200 克
黑橄欖片…4 顆
綠橄欖片…4 顆

作法

❶ 蘋果醋用果汁機乳化 1 分鐘。
❷ 加入其他〔**材料 A**〕，用果汁機攪打乳化 1 分鐘。
❸ 綜合嫩葉生菜洗淨泡冰水，取出瀝乾。
❹ 綜合水果（鳳梨丁、蘋果丁、奇異果丁），可以依照喜好切喜歡的水果丁。
❺ 將水果丁放入沙拉醬中浸泡 2 個小時，混和生菜、橄欖片食用。

粉紅娃娃菜沙拉

材料

A	娃娃菜…1包
B	日本美乃滋…200克 紅火龍果…1/4顆 檸檬皮…1顆
C	水煮蛋…1顆 干貝…10顆 櫻花蝦…2大茶匙

準備作業

◆〔**材料B**〕紅火龍果去皮切4等分。

作法

❶ 娃娃菜洗淨切對半，燙熟。

❷ 紅火龍果放入果汁機打成汁取出，加入〔**材料B**〕拌勻成沙拉醬。

❸ 水煮蛋切碎；干貝泡水1小時剝絲，起一油鍋約180℃和櫻花蝦分開炸至酥脆。

❹ 將娃娃菜擺盤，淋上沙拉醬，撒上蛋碎、干貝絲、櫻花蝦即完成。

作法❶

作法❷

作法❸

作法❹

Chapter 3

湯　　品

SOUP

甜菜根野菇濃湯

| 材料 |

A
- 鮮蚵…150 克
- 蛤蜊…10 顆
- 洋蔥…半顆
- 西芹…1 支
- 紅蘿蔔…半條（約 100 克）
- 甜菜根…半顆（約 250 克）
- 洋芋…1 顆
- 培根…2 片
- 高麗菜…1/8 顆
- 雞高湯…1200ml（參考 P.16）

B
- 鮮奶油…10ml（每碗）

調味料
- 鹽…適量
- 細砂糖…適量

| 準備作業 |

◆〔**材料 A**〕蛤蜊吐沙洗淨，洋蔥去皮切丁，西芹切片，紅蘿蔔去皮切片，洋芋去皮切丁，高麗菜切丁。

| 作法 | 烤箱溫度依每個廠牌狀態不同，溫度會有些許差異。

❶ 將甜菜根用錫箔紙包起，放入烤箱上下火 200℃烤 80 分鐘，可用筷子戳戳看有沒有熟透，取出放涼去皮切小塊。

❷ 鮮蚵去殼洗淨，要仔細挑出碎殼。

❸ 將所有〔**材料 A**〕放入鍋中，小火燉煮 30 分鐘。

❹ 倒入果汁機中打勻，再加入〔**調味料**〕調味，再次煮滾即完成，食用前每碗加 10ml 鮮奶油，味道會更濃郁。

作法 ❶

作法 ❷

作法 ❸

作法 ❹

義式洋蔥湯

| 材料 |

A
- 洋蔥…3 顆
- 無鹽奶油…2 大茶匙
- 橄欖油…2 大茶匙

B 牛高湯
- 牛骨…3 斤
- 洋蔥…1 顆
- 紅蘿蔔…2 條
- 西芹…2 支
- 蒜苗…1 支
- 月桂葉…2 片
- 黑胡椒原粒…適量
- 清水…6000c.c.

C
- 帕瑪森起司…適量
- 松子…適量

| 準備作業 |

◆〔**材料 A**〕洋蔥去皮切絲。

◆〔**材料 B**〕洋蔥、紅蘿蔔去皮切塊，西芹、蒜苗切段。

| 作法 | 烤箱溫度依每個廠牌狀態不同，溫度會有些許差異。

❶ 牛骨洗淨，放入烤箱上下火約 200℃烤 90 分鐘。

❷ 熱鍋，放入〔**材料 A**〕中小火炒至焦糖化。

❸ 取一湯鍋加入〔**材料 B**〕小火慢燉 3 小時，過濾使用。

❹ 將炒香的〔**材料 A**〕、過濾好的〔**材料 B**〕放入鍋中，用小火慢燉 10 分鐘，再撒上〔**材料 C**〕即完成。

作法 ❶

作法 ❷

作法 ❸

作法 ❹

紫羅蘭的夢幻

示範影片
影片來源：NTD 廚娘香 Q 秀

材料

A
- 洋蔥⋯半顆
- 西芹⋯半支
- 蒜苗⋯半支
- 紫心地瓜⋯500 克
- 月桂葉⋯1 片
- 培根⋯2 片
- 無鹽奶油⋯2 大茶匙
- 雞高湯⋯1500ml（參考 P.16）

B
- 動物性鮮奶油⋯⋯1 茶匙（每碗）
- 初榨橄欖油⋯1/2 茶匙（每碗）

調味料
- 海鹽⋯3 克
- 細砂糖⋯2 克

準備作業

◆〔**材料 A**〕洋蔥去皮切丁，西芹、蒜苗切段，紫心地瓜去皮切片，培根切小塊。

作法

❶ 熱鍋放入無鹽奶油、洋蔥丁、蒜苗段、培根拌炒約 3 分鐘。
❷ 加入所有〔**材料 A**〕，小火慢燉 30 分鐘。
❸ 放入果汁機中打勻，加入〔**調味料**〕再煮滾。
❹ 盛湯後再淋上鮮奶油、橄欖油即完成。

作法 ❶

作法 ❷

作法 ❸

作法 ❹

馬賽海鮮湯

材料

A 高湯

- 鱸魚骨…1 尾
- 蝦殼…半斤
- 蛤蜊…半斤
- 百里香…1/4 茶匙
- 茵陳蒿…1/4 茶匙
- 洋蔥…半顆
- 紅蘿蔔…半條
- 西芹…1 支
- 清水…5000c.c.

B

- 蒜頭…5 瓣
- 洋蔥…半顆
- 蒜苗…1 支
- 白酒…100ml
- 蕃茄碎罐頭…………100 克
- 蛤蜊…半斤
- 蝦子…8 尾
- 鱸魚清肉…1 尾

調味料

- 鹽…適量
- 細砂糖…適量
- 黑胡椒…適量

準備作業

- 〔**材料 A**〕洋蔥去皮切片，紅蘿蔔去皮切塊（依大小），西芹切小塊。
- 〔**材料 B**〕蒜頭去皮切末，洋蔥去皮切碎，蒜苗切碎。

作法

烤箱溫度依每個廠牌狀態不同，溫度會有些許差異。

❶ 蝦殼需先用烤箱上下火約 200℃，烤約 1 個小時。

❷ 魚骨需汆燙至熟，取出。

❸ 〔**材料 A**〕全部放入鍋中，小火慢燉 90 分鐘，過濾取 1500ml 使用。

❹ 熱鍋放入 1 大茶匙橄欖油、〔**材料 B**〕炒香，再加入過濾高湯，燉煮 15 分鐘，放入〔**調味料**〕調味。

作法 ❶

作法 ❷

作法 ❸

作法 ❹

黑米山藥濃湯

材料

- 黑米…200 克
- 山藥…800 克
- 洋蔥…1 顆
- 紅蘿蔔…1 條
- 西芹…1 支
- 鳳梨…100 克
- 雞高湯…3000ml（參考 P.16）
- 動物性鮮奶油…1 茶匙（每碗）
- 鹽…適量
- 細砂糖…適量

準備作業

◆ 山藥去皮切塊，洋蔥去皮切小片，紅蘿蔔去皮切小塊，西芹切小段，鳳梨去皮切小塊。

作法

❶ 黑米洗淨瀝乾水分，用飯鍋煮熟，黑米 200 克配水 320c.c.。
❷ 將所有材料放入鍋中，小火燉煮 30 分鐘。
❸ 放入果汁機中
❹ 打勻成濃湯，盛入碗中加入 1 茶匙鮮奶油即完成。

作法 ❶

作法 ❷

作法 ❸

作法 ❹

法式鮑魚澄清湯

材料

A｜鮑魚…12 顆

B｜洋蔥…1 顆

C｜
牛絞肉…1000 克
蛋白…4 顆
洋蔥…200 克
紅蘿蔔…200 克
西芹…200 克
蒜苗…200 克
白蘭地…1 大茶匙
月桂葉…2 片
黑胡椒原粒…1 茶匙
百里香…1/4 茶匙
冰塊…6 塊

D｜雞高湯…3000ml（參考 P.16）

調味料｜
鹽…1/2 茶匙
細砂糖…1/2 茶匙

準備作業

- 〔**材料 B**〕洋蔥去皮對切，再切成 2 公分厚片。
- 〔**材料 C**〕洋蔥去皮切碎，紅蘿蔔去皮切碎，西芹切碎，蒜苗切碎。

作法

❶ 鮑魚洗淨，放入夾鏈袋中，舒肥溫度 62℃、45 分鐘。
❷ 熱鍋乾煎厚切洋蔥，煎到碳化，取出備用。
❸ 〔**材料 C**〕攪拌均勻至出現筋性。
❹ 取一深鍋放入冷的雞高湯、攪拌好的〔**材料 C**〕，一邊攪拌一邊小火加熱到 80℃，停止攪拌。
❺ 輕輕撥開浮起的食材，放入碳化洋蔥。
❻ 慢燉 90 分鐘，用紗布過濾，取湯放入舒肥後的鮑魚即完成。

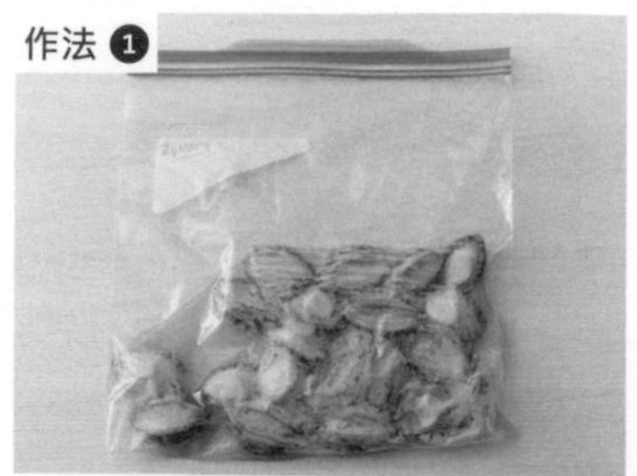
作法❶

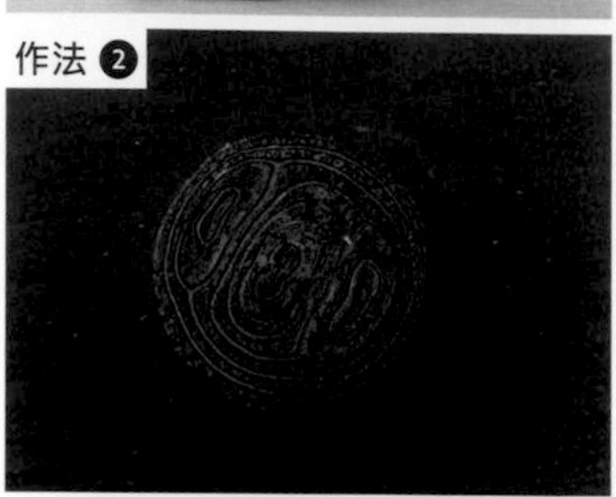
作法❷

作法❸

作法❹

作法❺

作法❻

火龍果濃湯

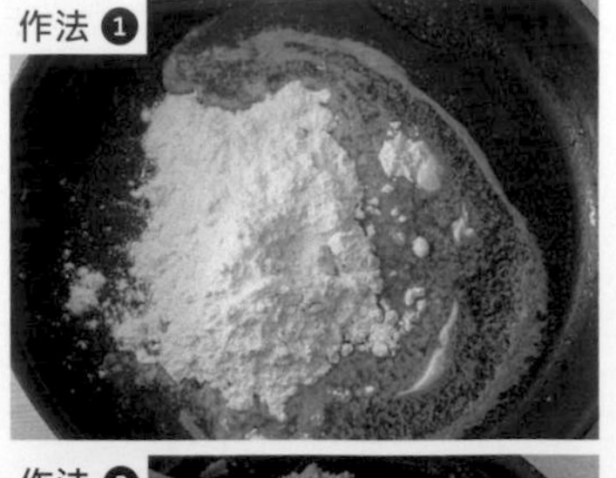

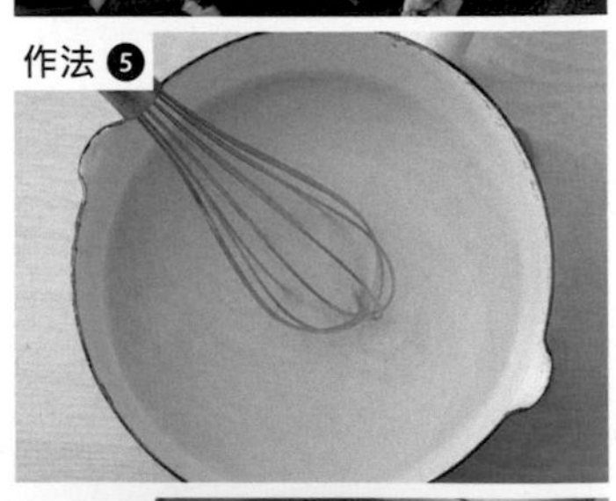

材料

（Roux 麵糊）

A
- 無鹽奶油…70 克
- 高筋麵粉…140 克

B
- 洋蔥…1 顆
- 蒜頭…5 瓣
- 馬鈴薯…2 顆
- 紅蘿蔔…半條
- 金針菇…1 包
- 蘑菇…200 克
- 香菇…200 克
- 無鹽奶油…3 大茶匙

C
- 雞高湯…2000ml（參考 P.16）
- 動物性鮮奶油…100ml
- 紅火龍果…1 顆
- 鹽…適量
- 細砂糖…適量
- 無鹽奶油…2 大茶匙

準備作業

◆〔**材料 B**〕洋蔥、馬鈴薯、紅蘿蔔去皮切小丁，蒜頭去皮切末，金針菇切小段，蘑菇切片，香菇切小丁。

◆〔**材料 C**〕紅火龍果去皮打成汁。

作法

❶〔**材料 A**〕放入鍋中。

❷ 用小火炒乾。

❸ 倒入果汁機中加入 1.5 倍的水量，打勻成 **Roux 麵糊**。

❹ 熱鍋放入〔**材料 B**〕，充分炒香備用。

❺ 取一深鍋放入雞高湯，加熱至 90℃，放入 **Roux 麵糊**勾芡（濃度可依個人喜好調整）。

❻ 再放入其餘的〔**材料 C**〕煮滾，最後放入炒香的〔**材料 B**〕小火煮 5 分鐘，即完成。

羅宋湯

材料

A 牛高湯
- 牛骨…3 斤
- 洋蔥…1 顆
- 紅蘿蔔…1 條
- 西芹…2 支
- 蒜苗…1 支
- 月桂葉…2 片
- 俄力岡…1 小撮
- 清水…6000c.c.

調味料
- 鹽…適量
- 細砂糖…適量

B
- 牛腩…3 條
- 洋蔥…1 顆
- 蒜頭…12 瓣
- 牛蕃茄…2 顆
- 西芹…2 支
- 洋芋…1 顆
- 紅蘿蔔…半條
- 蕃茄糊…10 克
- 紅酒…50ml

準備作業

- 〔**材料 A**〕洋蔥、紅蘿蔔去皮切塊，西芹、蒜苗切小段。
- 〔**材料 B**〕牛腩切小段，洋蔥、牛蕃茄、洋芋、紅蘿蔔去皮切小丁，西芹切小丁，蒜頭去皮切末。

作法

烤箱溫度依每個廠牌狀態不同，溫度會有些許差異。

❶ 牛骨洗淨，放入烤箱上下火約 200℃烤 90 分鐘。

❷ 取一深鍋放入牛骨、其餘〔**材料 A**〕小火熬煮 2 個小時，過濾取 1200ml 高湯備用。

❸ 牛腩沾上低筋麵粉，下鍋煎至焦香上色。

❹ 〔**材料 B**〕中的蔬菜下鍋炒香，再加入蕃茄糊、紅酒炒至有香氣。

❺ 最後加入牛腩、高湯、〔**調味料**〕小火燉煮 90 分鐘，即完成。

作法 ❶

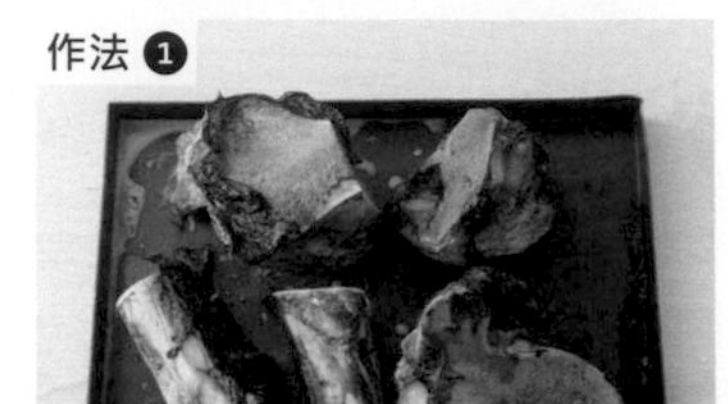

作法 ❷

作法 ❸

作法 ❹

作法 ❺

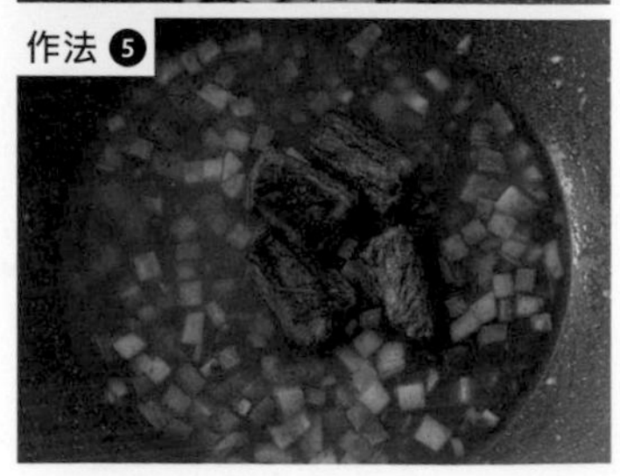

薑黃櫛瓜
蔬菜麵包清湯

材料

A
- 蒜頭…5 瓣
- 洋蔥…半顆
- 紅蘿蔔…100 克
- 西芹…2 支
- 香菇…10 朵
- 蘑菇…10 朵
- 金針菇…1 包
- 洋芋…1 顆
- 黃櫛瓜…1 條
- 綠櫛瓜…1 條

B
- 雞高湯…3000ml（參考 P.16）
- 蛤蜊…900 克

C
- 法國麵包…1 條（切 1.5 公分厚片）
- 帕瑪森起司…適量

調味料
- 鹽…適量
- 細砂糖…適量
- 薑黃粉…1/2 茶匙

作法 ❶

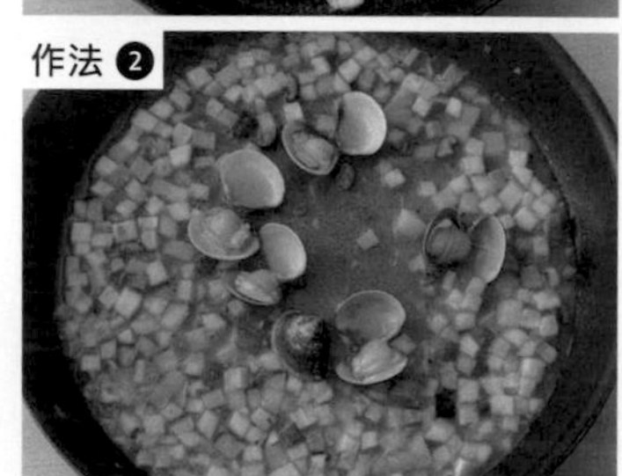
作法 ❷

作法 ❸

作法 ❹

準備作業

◆〔**材料 A**〕蒜頭去皮切末，洋蔥、紅蘿蔔、洋芋去皮切小丁，西芹、香菇、蘑菇、金針菇切小丁，黃櫛瓜、綠櫛瓜切小丁。

◆〔**材料 B**〕蛤蜊泡水吐沙。

作法

❶ 熱鍋放入〔**材料 A**〕爆香。

❷ 加入〔**材料B**〕煮滾至蛤蜊熟，加入〔**調味料**〕調味，盛起。

❸ 切片法國麵包放上帕瑪森起司烤至焦香。

❹ 將烤好麵包搭配湯即完成。

咖哩冬瓜濃湯

材料

A
- 薑…20 克
- 蒜頭…20 克
- 紅蔥頭…20 克
- 洋蔥…100 克
- 蘋果…1 顆
- 香蕉…1 根
- 無鹽奶油…2 大茶匙

B
- 咖哩粉…1 大茶匙
- 雞高湯…1500ml（參考 P.16）
- 鹽…適量
- 細砂糖…適量

（Roux 麵糊）

C
- 無鹽奶油…70 克
- 高筋麵粉…140 克

D
- 冬瓜…300 克

準備作業

- 〔**材料 A**〕薑切末，蒜頭、紅蔥頭去皮切末，洋蔥去皮切碎，蘋果去皮切小丁，香蕉去皮切小塊。
- 〔**材料 C**〕**Roux 麵糊**作法參考 **P.74**。
- 〔**材料 D**〕冬瓜去皮切小丁。

作法

❶ 熱鍋放入〔**材料 A**〕，炒至焦糖化。

❷ 再加入〔**材料 B**〕燉煮 15 分鐘。

❸ 加入〔**材料 C**〕勾芡，過濾取湯。

❹ 將過濾的湯放入鍋中，再加入〔**材料 D**〕煮 10 分鐘即完成，可再加入 1 茶匙椰漿提味。

作法 ❶

作法 ❷

作法 ❸

作法 ❹

FLAX OIL

有機冷壓亞麻籽油
產地直送北美銷售NO.1

omega369
完美攝取
黃金比例
一大匙15cc

4

肉　品

MAIN COURSE

低溫舒肥雞肉

材料

- 雞胸肉…2 塊
- 洋蔥…100 克
- 蒜頭…6 瓣
- 乾辣椒籽…3 克
- 黑胡椒…2 克
- 匈牙利紅椒粉…15 克
- 墨西哥香辣粉…5 克
- 黃芥末醬…15 克
- 白酒…60ml
- 橄欖油…60ml
- 海鹽…5 克
- 細砂糖…20 克

準備作業

◆ 雞胸肉去骨、去皮，洋蔥、蒜頭去皮打成泥。

作法

❶ 雞胸肉加入所有材料醃一個晚上。

❷ 將醃好的雞胸肉，放進耐熱夾鏈袋中，低溫烹調溫度 61℃，時間 60 分鐘。

❸ 舒肥完成的雞胸肉，在熱平底鍋煎上色，可加些蘆筍一起煎至焦香。

❹ 煎好的雞胸肉靜置五分鐘，切片食用。

作法 ❶

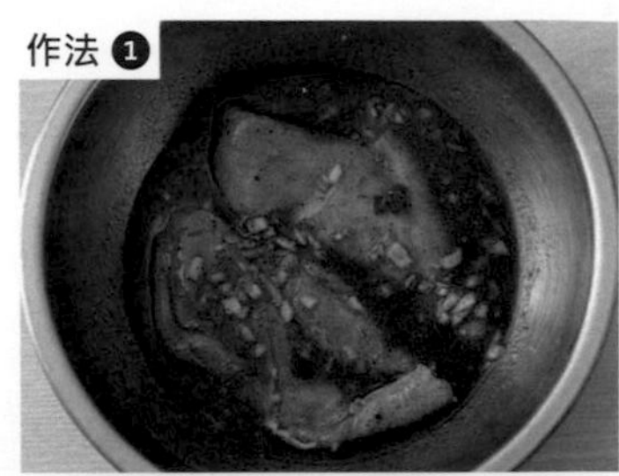

作法 ❷

作法 ❸

作法 ❹

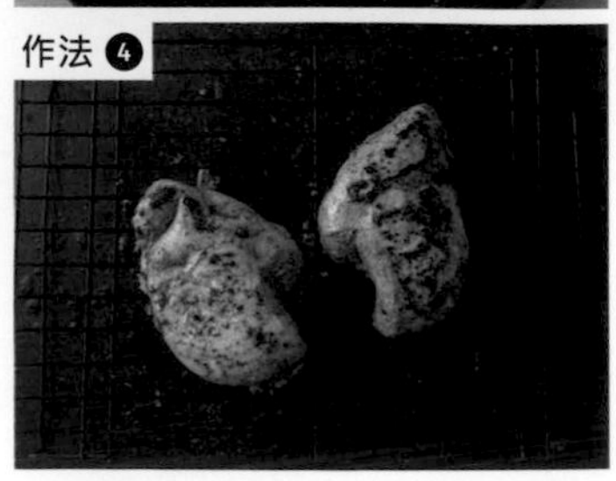

低溫舒肥
翼板厚切牛排

材料

A
- 翼板牛排…1 塊
- 鹽…適量
- 橄欖油…1 大茶匙

B
- 橄欖油…1 茶匙
- 無鹽奶油…1 大茶匙
- 蒜頭…3 顆
- 新鮮迷迭香…1 支
- 新鮮百里香…1 支
- 黑胡椒…適量

準備作業

◆〔材料 B〕蒜頭去皮輕拍鬆。

作法

❶ 翼板牛排放置室溫 20 分鐘，均勻撒上鹽、橄欖油。

❷ 將牛排、〔材料 B〕放入耐熱夾鏈袋中，低溫烹調 57℃，時間 4 小時。

❸ 將醃漬醬汁〔材料 B〕放入鍋中，加熱至發煙點，置入舒肥好的牛排煎至六面都產生梅納反應。

❹ 起鍋靜置 5 分鐘，切片食用。

作法 ❶

作法 ❷

作法 ❸

作法 ❹

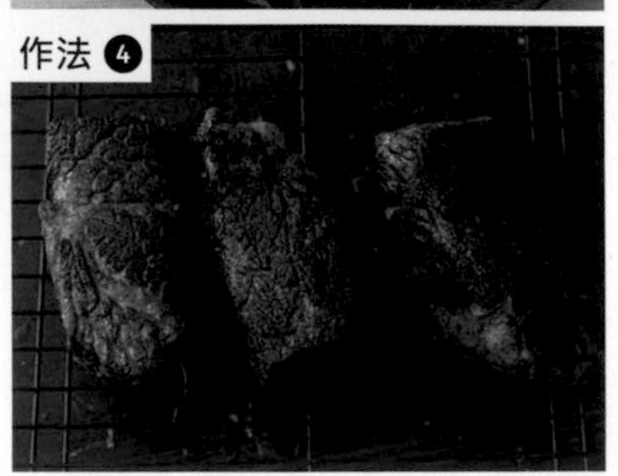

墨西哥醬醋里肌

材料

- 豬里肌…500 克
- 鹽…7 克
- 細砂糖…1 茶匙
- 蒜頭…3 大茶匙
- 西班牙紅椒粉…1.5 大茶匙
- 墨西哥香料粉…1 茶匙
- 俄力岡…1/2 茶匙
- 白酒醋…2 大茶匙
- 初榨橄欖油…2 大茶匙

準備作業

◆ 蒜頭去皮切末。

作法

❶ 除了豬里肌以外的材料放入缸中，攪拌均勻。

❷ 放入豬里肌均勻裹上醃料，醃 8 小時。

❸ 醃好豬里肌放入耐熱夾鏈袋中，低溫烹調 65℃，時間 2 小時。

❹ 舒肥完成後用噴槍上色，取出靜置五分鐘，切小塊食用，可搭配生菜或西式醃菜。

作法 ❶

作法 ❷

作法 ❸

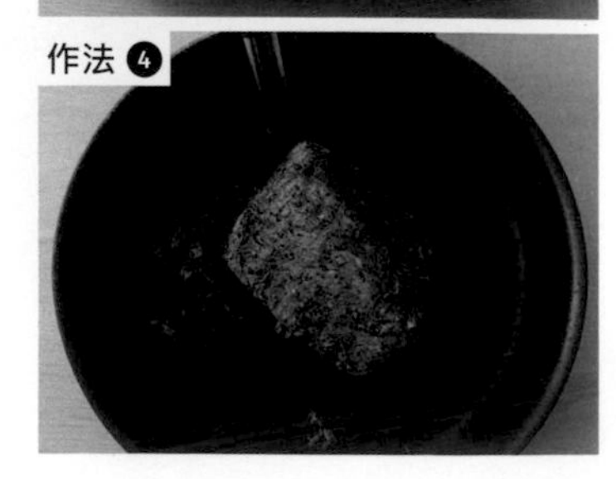
作法 ❹

蜜汁香蔥烤雞

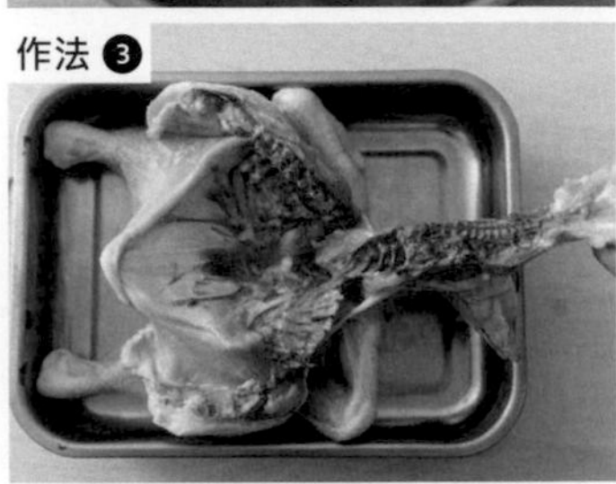

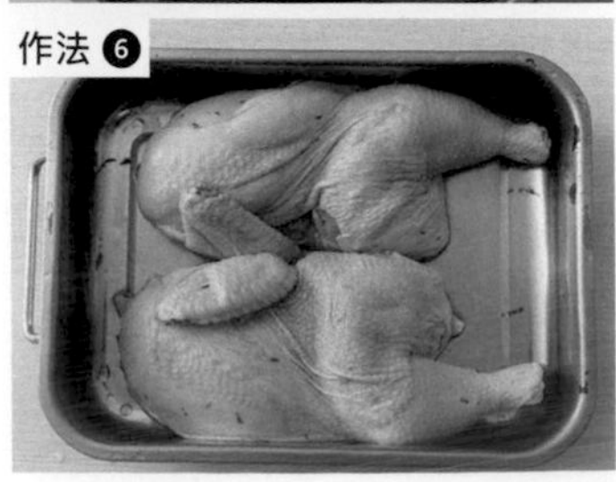

材料

A
- 春雞…2 隻

B
- 蔥…4 支
- 芹菜…5 支
- 洋蔥…150 克
- 帶皮蒜頭…100 克
- 大辣椒…3 支
- 紅蘿蔔…100 克

C
- 米酒…600ml
- 食用水…600c.c.
- 高慶泉醬油…300ml
- 細砂糖…300 克

準備作業

◆〔**材料 B**〕蔥、芹菜切段，洋蔥去皮切片，紅蘿蔔去皮切片。

作法

烤箱溫度依每個廠牌狀態不同，溫度會有些許差異。

❶ 將〔**材料 B**〕放入大鍋中。
❷ 加入〔**材料 C**〕用手擠壓成汁為醃料。
❸〔**材料 A**〕雞背上劃二刀取脊髓骨。
❹ 再對切成兩半。
❺ 將去骨的雞肉放入醃料中，醃漬 24 小時。
❻ 取出放上烤盤，進烤箱，上下火 160℃、烤 40 分鐘，升溫 180℃、烤 40 分鐘，再升溫 220℃、烤約 5 ～ 7 分鐘上色。

低溫舒肥鴨胸

材料

A
- 櫻桃鴨胸…一副
- 鹽…適量

B
- 無鹽奶油…1 大茶匙
- 百里香…3 支
- 蒜頭…3 瓣

準備作業

◆〔材料 B〕蒜頭去皮切末。

作法

❶ 鴨胸均勻抹鹽。

❷ 將鴨皮切成格子狀。

❸ 熱鍋，皮朝下煎上色，只煎皮不煎肉。

❹ 煎好鴨胸、〔材料 B〕放入耐熱夾鏈袋中，低溫烹調 56℃，時間 1 小時。

❺ 舒肥完成的鴨胸，熱平底鍋兩面煎上色，靜置 5 分鐘，切片食用。

作法 ❶

作法 ❷

作法 ❸

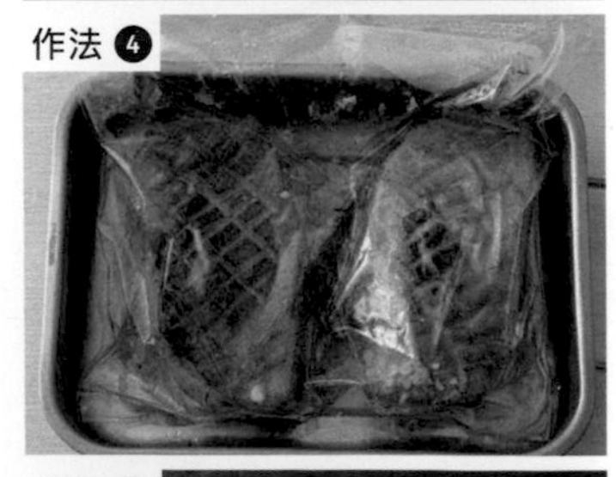
作法 ❹

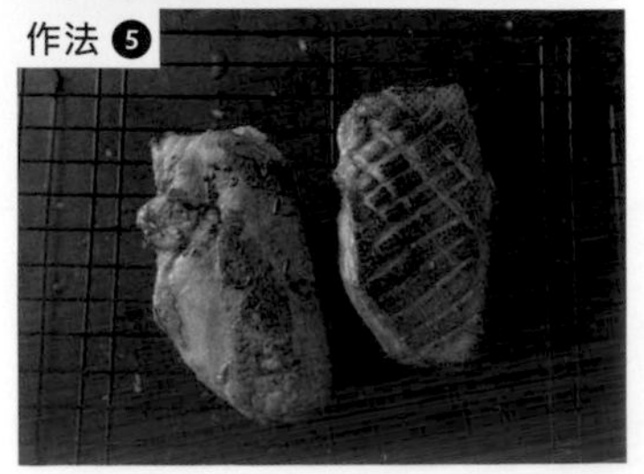
作法 ❺

米蘭燉牛膝

材料

A
- 牛膝…4 塊（每塊 350～400 克）
- 高筋麵粉…100 克
- 無鹽奶油…100 克
- 橄欖油…適量

B
- 蒜頭…6 瓣
- 洋蔥…350 克
- 紅蘿蔔…300 克
- 西芹…200 克
- 蕃茄碎罐頭…200 克
- 白酒…250ml

C 牛高湯
- 牛骨…1000 克
- 清水…5000c.c.
- 黑胡椒原粒…8 克
- 迷迭香…1 支
- 洋蔥…1 顆
- 紅蘿蔔…1 條
- 西芹…2 支
- 俄力岡…1/2 茶匙
- 月桂葉…3 片
- 鹽…適量

D（Gremolza）
- 檸檬皮…1 顆
- 巴西里碎…10 克
- 蒜末…1 大茶匙

準備作業

- 〔材料 B〕蒜頭去皮，洋蔥去皮切塊，紅蘿蔔去皮切塊，西芹切段。
- 〔材料 C〕洋蔥去皮切塊，紅蘿蔔去皮切塊，西芹切段。
- 〔材料 D〕全部混拌均勻。

作法

烤箱溫度依每個廠牌狀態不同，溫度會有些許差異。

❶ 牛膝撒上鹽、沾上麵粉，熱鍋放入無鹽奶油、橄欖油，略煎至上色。

❷ 〔材料 C〕牛骨需先用烤箱上下火 200℃、烤 90 分鐘，再與其他材料放入鍋中慢熬 3 小時，過濾取湯使用。

❸ 將煎好牛膝、牛高湯、〔材料 B〕放入鍋中。

❹ 用小火燉煮 100 分鐘，撒上〔材料 D〕即完成。

作法 ❶

作法 ❷

作法 ❸

作法 ❹

獵人式燉雞

材料

A
- 雞腿…3 隻

B
- 蒜頭…5 克
- 洋蔥…半顆
- 西芹…1 支
- 紅蘿蔔…1 條
- 馬鈴薯…1 顆
- 香菇…7 朵
- 蘑菇…10 朵

C
- 紅酒…150ml
- 蕃茄碎…300 克
- 義大利綜合香料…1 茶匙
- 迷迭香…1/2 茶匙
- 巴西里…1 小撮
- 黑橄欖…8 顆
- 黑胡椒…適量
- 細砂糖…適量
- 鹽…適量
- 水或高湯…1500c.c.

準備作業

◆〔材料 B〕蒜頭去皮切末，洋蔥去皮切小片，西芹切小段，紅蘿蔔、馬鈴薯去皮切小塊，香菇、蘑菇切小塊。

作法

❶ 熱鍋放入 2 大茶匙橄欖油，將雞腿肉煎至金黃色，取出一切六備用。

❷ 將〔材料 B〕放入鍋中炒香，嗆入紅酒，再放入切好的雞腿肉、剩下的〔材料 C〕。

❸ 轉小火燉煮 20 分鐘。

❹ 盛盤，最後放上蒔蘿即完成。

作法 ❶

作法 ❷

作法 ❸

作法 ❹

德式燉豬腳

| 材料 |

A

- 豬腳…2 支
- 洋蔥…1 顆
- 蒜頭…10 顆
- 蒜苗…2 支
- 紅蘿蔔…1 條
- 西芹…2 支
- 蕃茄…2 顆
- 杜松子…10 顆
- 月桂葉…3 片
- 醃酸瓜香料…2 匙
- 清水…3000c.c.

B

- 馬鈴薯…2 顆
- 紅蘿蔔…1 條
- 德式香腸…2 條
- 德國酸菜…1 罐
- 培根…2 片
- 西芹…2 支

作法 ❶

作法 ❷

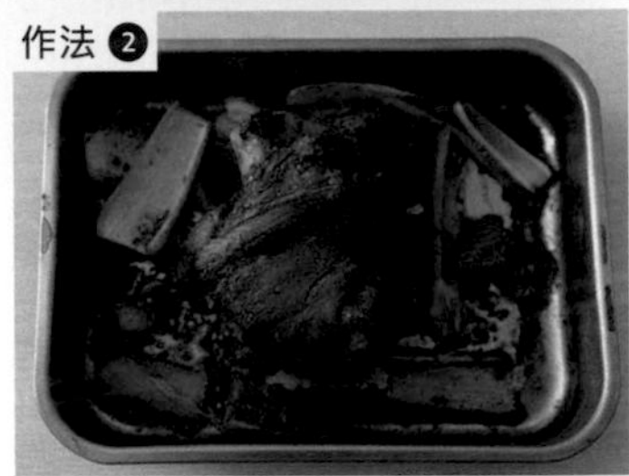

作法 ❸

作法 ❹

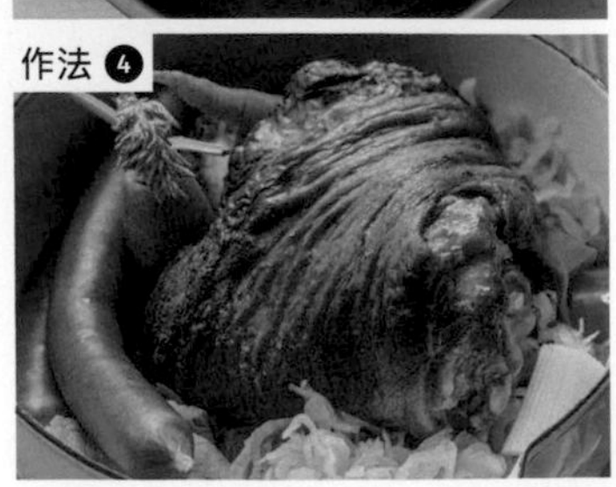

| 準備作業 |

◆〔材料 A〕豬腳先汆燙過，洋蔥去皮切小塊，蒜頭去皮，蒜苗、西芹切段，紅蘿蔔去皮切塊，蕃茄去蒂切塊。

◆〔材料 B〕馬鈴薯、紅蘿蔔去皮切小塊，西芹切段。

| 作法 | 烤箱溫度依每個廠牌狀態不同，溫度會有些許差異。

❶ 〔材料 A〕放入鍋中，小火慢燉 70 分鐘。

❷ 取出豬腳放上烤盤，進烤箱上下火 220℃、烤約 20 分鐘至表面香脆。

❸ 將湯汁過濾取湯，放入烤好的豬腳、〔材料 B〕小火燉煮 25 分鐘。

❹ 盛盤即完成。

匈牙利燉牛肉

材料

A
- 牛肋條…2 公斤
- 紅蘿蔔…1 條半
- 洋蔥…2 顆
- 紅酒…300ml

C
- 牛高湯…1200ml（參考 P.94）
- 鹽…適量
- 細砂糖…適量

B
- 西芹…3 支
- 月桂葉…2 片
- 百里香葉…1 小匙
- 匈牙利紅椒粉…20 克
- 凱莉茴香…5 克
- 帶皮蒜頭…10 顆
- 俄力岡葉…5 克
- 香菜…1 株
- 蕃茄糊…200 克
- 蕃茄碎罐頭…300 克
- 蘋果…2 顆

準備作業

- 〔材料 A〕紅蘿蔔去皮切片，洋蔥去皮切大塊。
- 〔材料 B〕西芹切段，帶皮蒜頭輕拍，香菜切末，蘋果去皮切小塊。

作法

❶〔材料 A〕放入鋼盆中，醃漬 8 小時。

❷ 醃好牛肋條沾上些許低筋麵粉，熱鍋放入 2 大茶匙橄欖油，煎至上色。

❸ 放入〔材料 B〕、醃料，炒至收汁。

❹ 再加入〔材料 C〕煮滾，燉煮 90 分鐘，蓋上鍋蓋燜 40 分鐘。

作法 ❶

作法 ❷

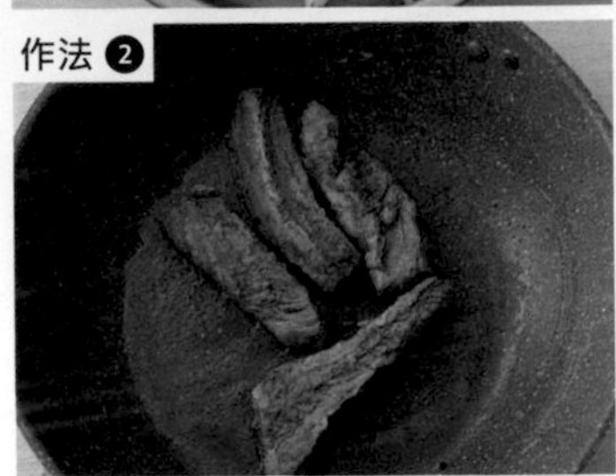

作法 ❸

作法 ❹

法式松露鵝肝雞肉捲

作法 ❶

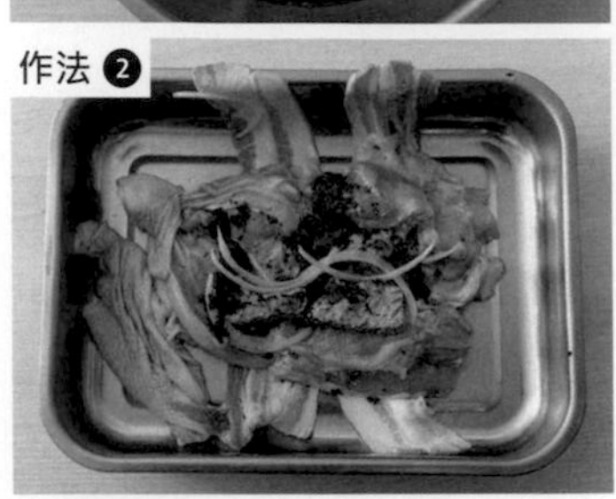
作法 ❷

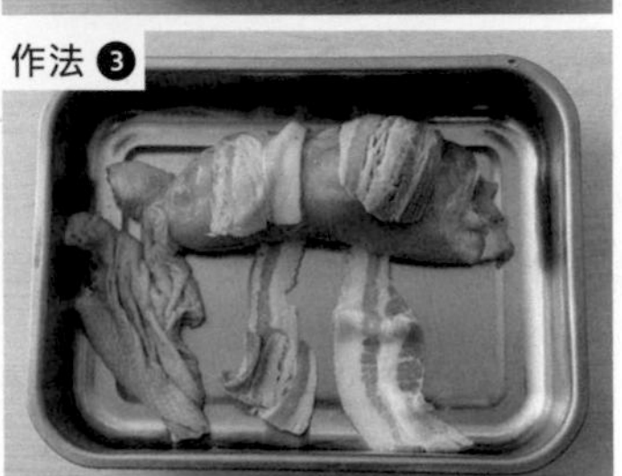
作法 ❸

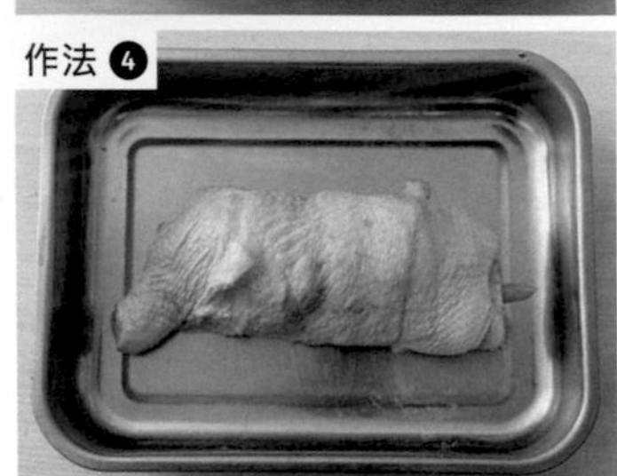
作法 ❹

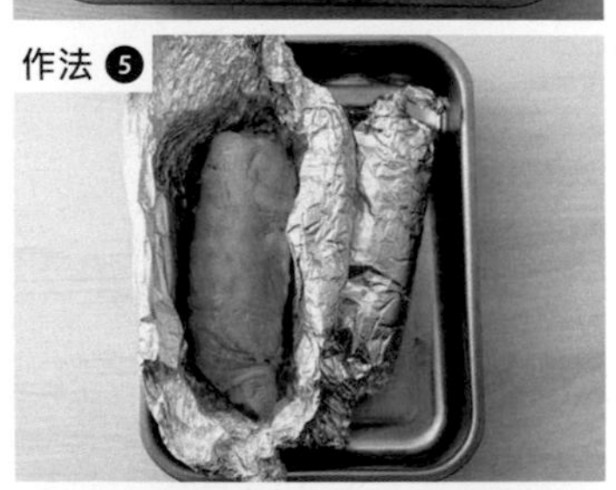
作法 ❺

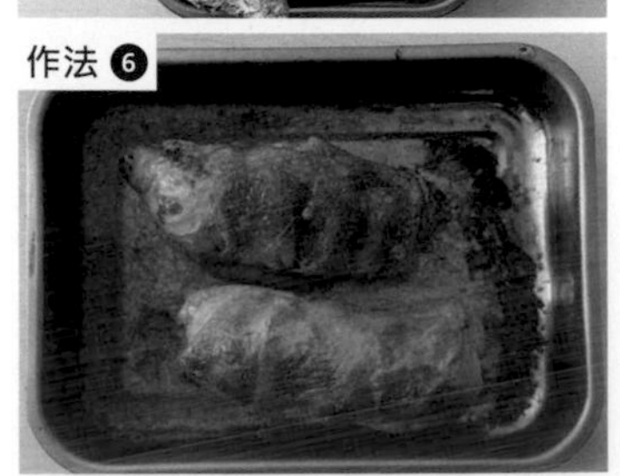
作法 ❻

材料

A	洋蔥…半顆	鹽…7 克
	蒜頭…7 瓣	黑胡椒…適量
	白酒…60ml	義大利綜合香料…1 撮
	梅林醬油…20ml	橄欖油…100ml
	細砂糖…10 克	雞腿…4 隻
B	松露醬…1 茶匙	炒香松子…1 撮
	鵝肝醬…1 片	洋蔥絲…1 撮
C	培根…2 片	

準備作業

◆〔**材料 A**〕洋蔥、蒜頭去皮打成泥，雞腿去骨。

作法

烤箱溫度依每個廠牌狀態不同，溫度會有些許差異。

❶〔**材料 A**〕放入鍋中，醃漬一個晚上。

❷ 醃好的雞腿將皮撕開，不要撕斷分離，拉到骨輪處，底部鋪上〔**材料 C**〕，翻開雞腿內側放入〔**材料 B**〕。

❸ 用雞腿肉將內餡捲起，培根捲在外層。

❹ 再用沒撕斷的雞皮將整個雞肉捲捲起。

❺ 使用錫箔紙包起，放入烤箱上下火 220℃、烤約 20 分鐘。

❻ 打開錫箔紙放上烤盤，續烤 8 分鐘上色即完成。

老醬豬肩排

材料

A 老醬

高慶泉醬油…600ml	皮蒜…200 克
米酒…3 瓶（玻璃瓶裝）	紅蘿蔔…200 克
蔥…200 克	細砂糖…50 克
洋蔥…200 克	月桂葉…5 片
老薑…300 克	百里香…1 大茶匙
大辣椒…5 根	迷迭香…1 茶匙
芹菜…200 克	俄力岡…1 茶匙

B

豬肩排…5 塊
老醬…5 大茶匙

準備作業

◆〔材料 A〕所有蔬菜洗淨用電風扇吹乾水分，再將蔥切段，洋蔥去皮切絲，大辣椒去蒂，芹菜切段，皮蒜去皮，紅蘿蔔去皮切片。

作法

烤箱溫度依每個廠牌狀態不同，溫度會有些許差異。

❶ 所有蔬菜輕拍幾下，再將所有〔材料 A〕混和一起，醃漬一周即成老醬。

❷〔材料 B〕混和均勻醃漬 20 分鐘。

❸ 熱鍋放入 2 茶匙橄欖油，到達發煙點放入豬肩排，大火將兩面煎上色，放入烤盤中。。

❹ 進烤箱上下火 220℃、烤約 5 分鐘，取出靜置 5 分鐘，切塊食用。

作法 ❶

作法 ❷

作法 ❸

作法 ❹
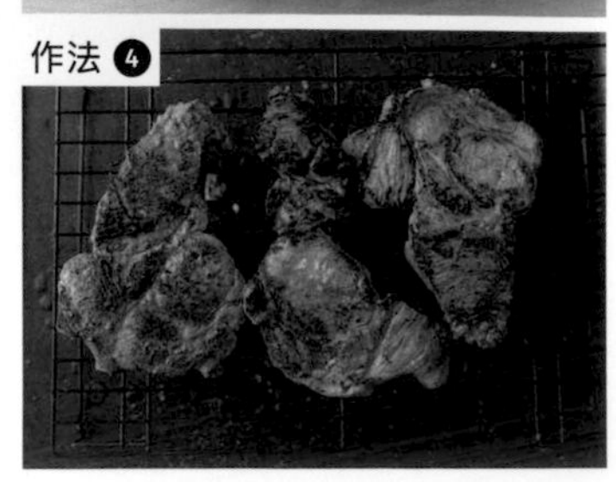

奇妙香料烤翅腿

材料

- 小翅腿…10 隻
- 洋蔥粉…1 茶匙
- 蒜粉…1 茶匙
- 匈牙利紅椒粉…1 茶匙
- 黑胡椒…1/4 茶匙
- 細砂糖…1/2 茶匙
- 鹽…1/4 茶匙
- 濃縮雞汁…1 大茶匙
- 白酒…60ml
- 橄欖油…60ml

作法

烤箱溫度依每個廠牌狀態不同，溫度會有些許差異。

❶ 將小翅腿洗淨後，在上方骨輪處用刀子劃一圈，再把肉往下推，然後將肉捏成球狀。

❷ 整形好的小翅腿，加入其餘材料醃漬一個晚上。

❸ 醃好後放入烤盤，立起。

❹ 放入烤箱上下火 220℃、烤約 18 分鐘即完成。

Chapter

5

海　鮮

SEAFOOD

海膽明太子烤明蝦

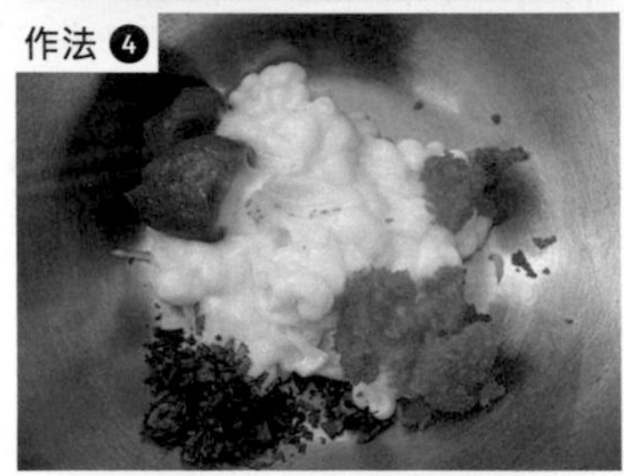

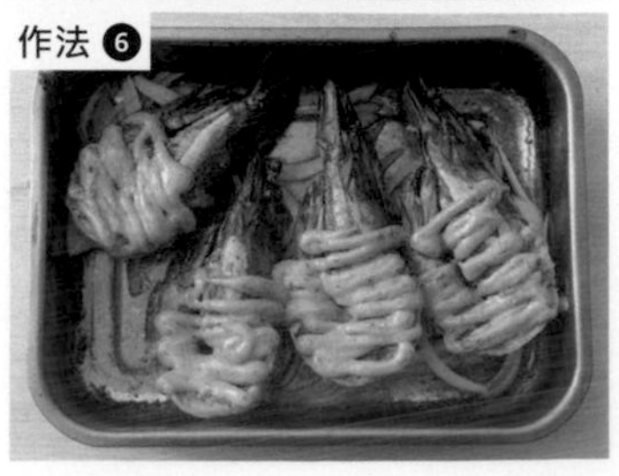

材料

A 明蝦…3 尾

B
美乃滋…1 包
海膽醬…1 罐
清酒…2 大茶匙
巴西里…5 克
魚卵…80 克

準備作業

◆ 巴西里切碎。

作法

烤箱溫度依每個廠牌狀態不同，溫度會有些許差異。

❶ 明蝦去殼留頭尾，取出腸泥。
❷ 將明蝦均勻撒上鹽、黑胡椒，再裹上低筋麵粉。
❸ 取一平底鍋放入 2 大茶匙橄欖油，放入明蝦煎至兩面都上色。
❹ 將〔**材料 B**〕放入鋼盆中。
❺ 均勻混和成海膽醬。
❻ 擠在明蝦上，放入烤箱 220℃、烤約 9 分鐘即完成。

低溫舒肥鮭魚菲力

| 材料 |

A
- 鮭魚菲力…1 塊
- 新鮮百里香…2 支
- 橄欖油…2 大茶匙
- 鹽…1/2 茶匙

B
- 橄欖油…2 大茶匙
- 蒜頭…4 瓣
- 新鮮百里香…3 支
- 無鹽奶油…2 大茶匙
- 黑胡椒…1/4 茶匙

| 作法 |

❶ 〔**材料 A**〕放入耐熱夾鏈袋中。

❷ 低溫烹調溫度 50℃，時間 40 分鐘。

❸ 舒肥好的鮭魚取出，擦乾水份。

❹ 放入平底鍋中不開火，均勻撒上鹽、黑胡椒，使用噴槍烤上色。

❺ 也可使用〔**材料 B**〕，將舒肥好的鮭魚大火煎上色即可。

作法 ❶
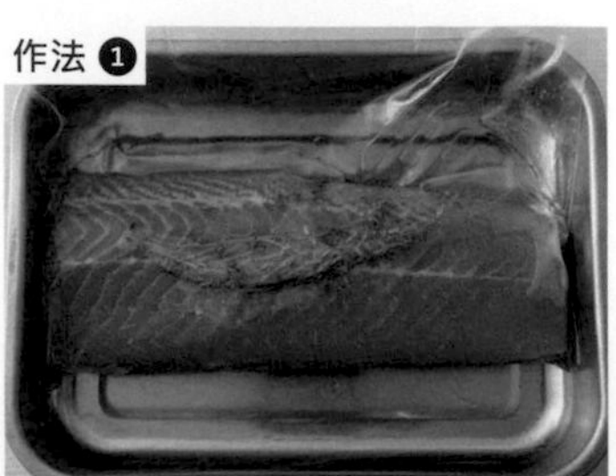

作法 ❷

作法 ❸

作法 ❹
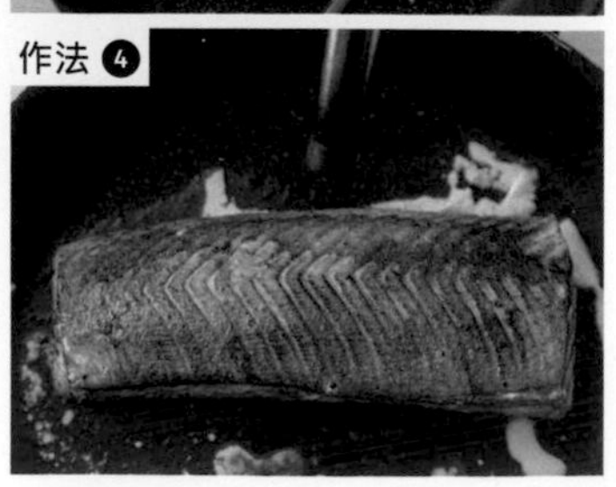

紙包百里香檸檬烤鱸魚

材料

- 鱸魚…1 尾
- 洋蔥…半顆
- 小蕃茄…5 顆
- 酸豆…1 茶匙
- 黃檸檬…半顆
- 蛤蜊…10 顆
- 玉米筍…5 支
- 百里香…2 支
- 薄荷葉…5 片

調味料

- 鹽…1/2 茶匙
- 黑胡椒…1/2 茶匙
- 初榨橄欖油…適量
- 無鹽奶油…20 克

準備作業

◆ 洋蔥去皮切絲，小蕃茄去蒂切半，黃檸檬洗淨切片。

作法

烤箱溫度依每個廠牌狀態不同，溫度會有些許差異。

❶ 鱸魚洗淨，表面劃三刀。
❷ 將所有的食材、〔**調味料**〕放入烘焙紙中，包起。
❸ 放入烤箱上下火 200℃、烤約 30 分鐘。
❹ 取出後將紙打開即可食用。

作法 ❶

作法 ❷

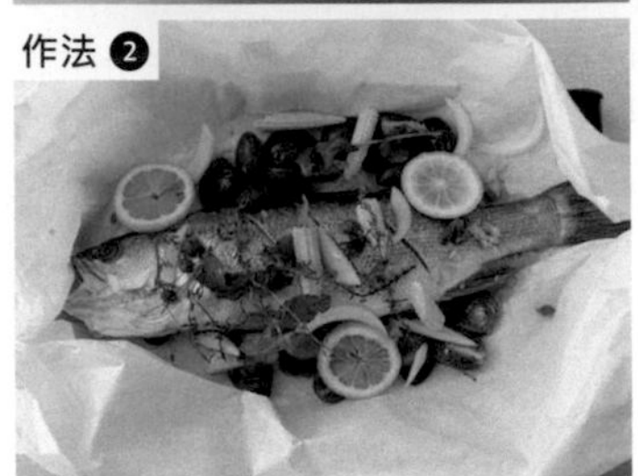

作法 ❸

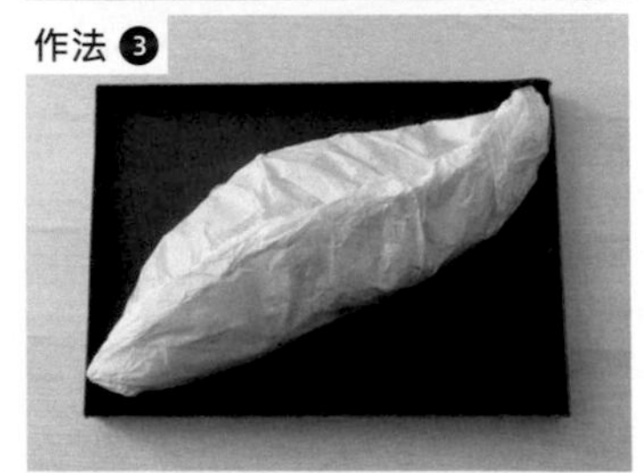

作法 ❹

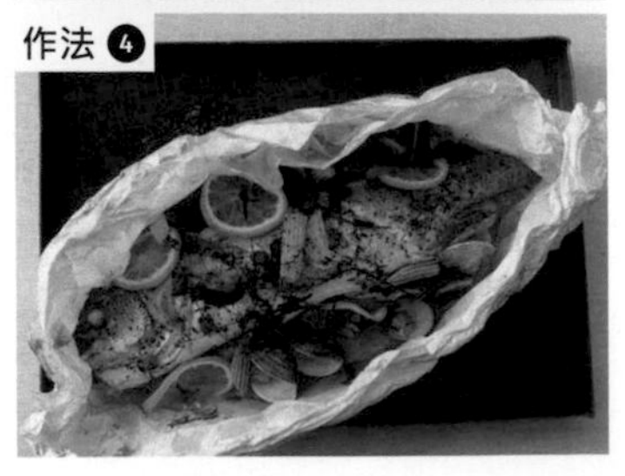

洛克菲勒焗烤生蠔

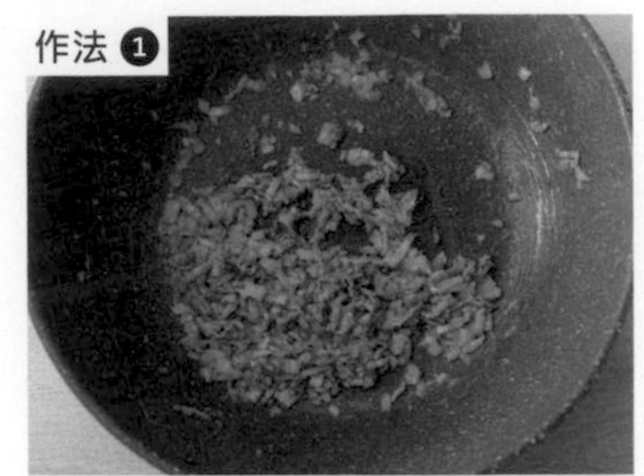
作法 ❶

作法 ❷

作法 ❸

作法 ❹

作法 ❺

作法 ❻

材料

A
- 生蠔…4 顆

B
- 洋蔥…30 克
- 蒜頭…10 克
- 培根…2 片

C
- 雞高湯…200ml（參考 P.16）
- Roux 麵糊…80ml（參考 P.74）
- 動物性鮮奶油…50ml

D
- 南瓜…1 顆
- 義大利花香醬…5 克
- 海鹽…適量
- 細砂糖…適量

E
- 起司絲…適量

準備作業

- 〔**材料 A**〕生蠔洗淨取出肉，殼備用。
- 〔**材料 B**〕洋蔥、蒜頭去皮切碎，培根切末。
- 〔**材料 D**〕南瓜對切，放入烤箱 220℃、烤約 50 分鐘，取肉搗成泥，取 70 克使用。

作法

烤箱溫度依每個廠牌狀態不同，溫度會有些許差異。

❶ 熱鍋放入〔**材料 B**〕炒香，加入〔**材料 C**〕勾芡。
❷ 再加入〔**材料 D**〕調味，即完成焗烤醬。
❸ 生蠔肉撒上鹽、黑胡椒，裹上低筋麵粉，乾煎至焦香。
❹ 生蠔殼用熱水汆燙殺菌。
❺ 將殼放在烤盤上，放上一層焗烤醬，再放上生蠔。
❻ 生蠔上蓋上焗烤醬，再鋪滿起司絲，放入烤箱 220℃、烤約 8 ～ 12 分鐘即完成。

奶油櫻花蝦烤扇貝

材料

A
- 櫻花蝦…10 克
- 扇貝…5 顆
- 洋蔥…半顆

B
- 洋蔥…15 克
- 蒜頭…5 克
- 培根…1 片

C
- 雞高湯…150ml（參考 P.16）
- Roux 麵糊…適量（參考 P.74）
- 動物性鮮奶油…50ml
- 海鹽…適量
- 細砂糖…適量

D
- 起司絲…適量

準備作業

- 〔**材料 A**〕扇貝洗淨取肉、留殼，洋蔥去皮切絲。
- 〔**材料 B**〕洋蔥、蒜頭去皮切碎，培根切末。

作法

烤箱溫度依每個廠牌狀態不同，溫度會有些許差異。

❶ 熱油鍋約 180℃，放入櫻花蝦油炸 3 分鐘撈起瀝油，備用。

❷ 扇貝殼用熱水氽燙殺菌。

❸ 熱鍋放入〔**材料 B**〕炒香，加入〔**材料 C**〕勾芡調味即完成焗烤白醬。

❹ 扇貝殼先舖上一層洋蔥絲，放上扇貝肉。

❺ 再蓋上焗烤白醬，撒上起司絲，放入烤箱 220℃烤 8 ～ 12 分鐘取出，撒上備用的櫻花蝦及巴西里碎即完成。

作法 ❶

作法 ❷

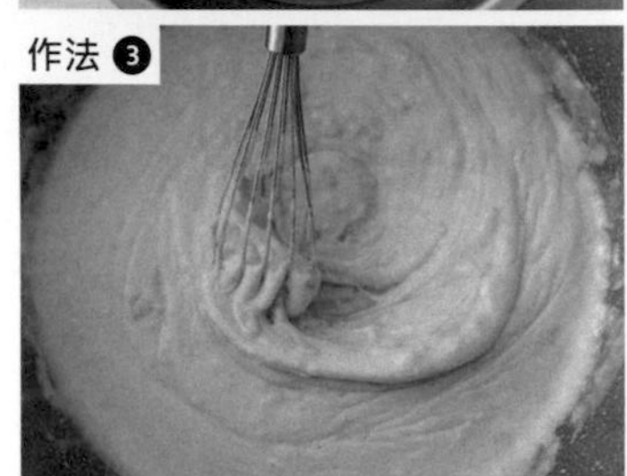
作法 ❸

作法 ❹

作法 ❺

美式海鮮花枝堡

材料

A
- 花枝漿…500 克
- 豆腐…1/2 塊
- 洋蔥…半顆
- 西芹…2 支
- 紅蘿蔔…70 克
- 蝦仁…150 克
- 透抽…150 克
- 蟹肉棒…100 克

B
- 黑胡椒…1/2 茶匙
- 鹽…1/2 ～ 1 茶匙
- 細砂糖…1 茶匙
- 芥末籽醬…1 大茶匙

（以下皆為 1 份漢堡的量）

C
- 美生菜…1 片
- 紫洋蔥…1 片
- 酸黃瓜碎…1 茶匙
- 蕃茄…1 片
- 美乃滋…1 茶匙
- 漢堡麵包…1 個

準備作業

◆〔**材料 A**〕洋蔥、紅蘿蔔去皮切碎，西芹切碎，蝦仁去腸泥、壓成泥狀，透抽剁成泥，蟹肉棒切碎。

作法　烤箱溫度依每個廠牌狀態不同，溫度會有些許差異。

❶ 將〔**材料 A**〕放入大盆中。

❷ 混和拌勻加入〔**材料 B**〕調味，再摔打至產生黏性。

❸ 取每份 140 克滾圓，輕壓扁成餅狀。

❹ 熱鍋將漢堡肉煎熟至表面焦香。

❺ 將漢堡麵包塗上無鹽奶油，放入烤箱 180℃、烤約 3 分鐘。

❻ 依序將麵包、漢堡肉、蕃茄片、紫洋蔥圈、美生菜、麵包組合起來，可搭配薯條食用。

作法 ❶

作法 ❷

作法 ❸

作法 ❹

作法 ❺

作法 ❻

祐庵燒魚

材料

A
- 鯛魚片或鮭魚…5 片
- 洋蔥…半顆

B
- 高慶泉醬油…100ml
- 清水…150c.c.
- 細砂糖…30 克
- 味醂…2 大茶匙
- 清酒…2 大茶匙
- 檸檬皮…1 顆
- 檸檬汁…1 顆
- 香吉士皮…2 顆
- 香吉士汁…2 顆

準備作業

◆〔**材料 A**〕洋蔥去皮切絲。

作法

烤箱溫度依每個廠牌狀態不同，溫度會有些許差異。

❶ 將〔**材料 B**〕混和拌勻。

❷ 放入鯛魚片醃漬 1 個晚上。

❸ 烤盤上鋪上洋蔥絲，放上醃好的鯛魚片，進烤箱 220℃、烤約 8 分鐘。

❹ 取醃漬醬汁 3 大茶匙，放入鍋中煮滾，收汁至微稠狀即可作為醬汁。

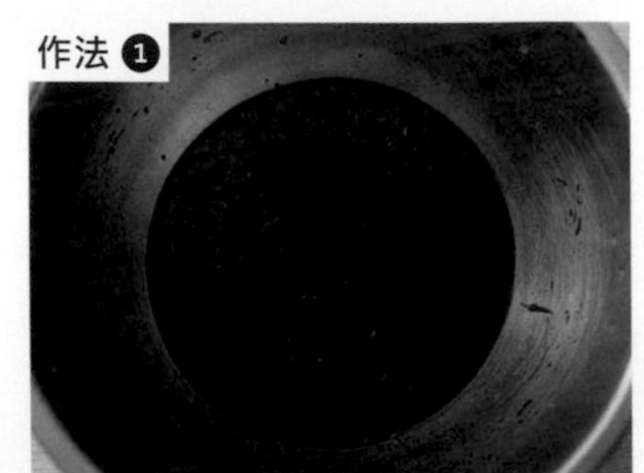
作法 ❶

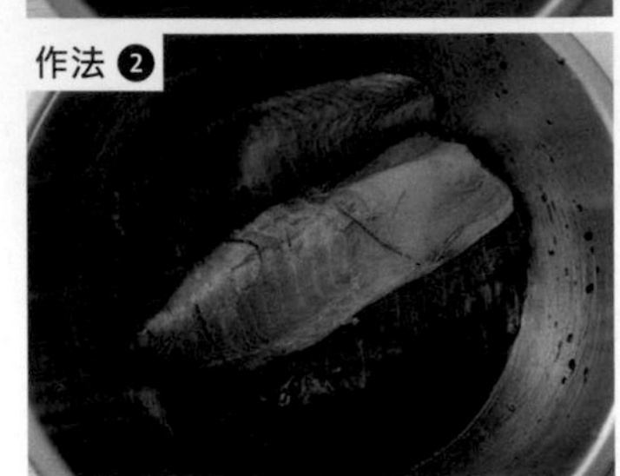
作法 ❷

作法 ❸

作法 ❹

貽貝焗烤辣香酥

材料

A｜貽貝…5 顆

B｜
培根…2 片　麵包粉…40 克
蒜頭…5 克　無鹽奶油…15 克
洋蔥…15 克　鹽…1/4 茶匙
辣椒…1 支　細砂糖…1/4 茶匙
九層塔…5 片　黑胡椒…1/4 茶匙

C｜起司粉…1 大匙

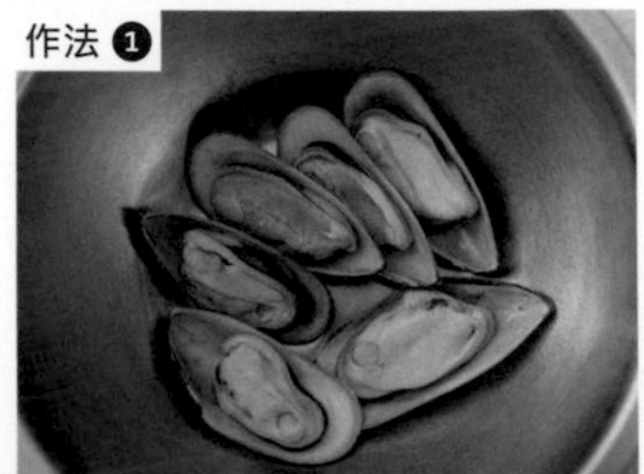

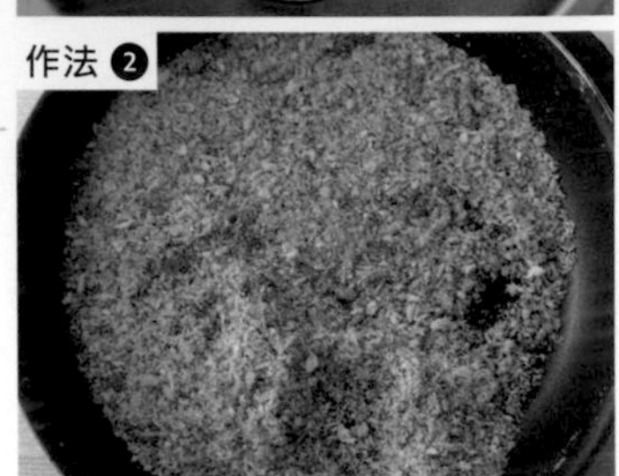

準備作業

◆〔**材料 B**〕培根切絲，蒜頭、洋蔥去皮切末，辣椒去蒂切碎，九層塔切絲。

作法

烤箱溫度依每個廠牌狀態不同，溫度會有些許差異。

❶ 貽貝洗淨去一半的殼。

❷ 取一平底鍋放入〔**材料 B**〕無鹽奶油加熱，加入培根絲炒 3 分鐘，再加入蒜末、洋蔥末炒至洋蔥微透明狀，將其餘材料都放入炒香，炒至麵包粉變色後即完成辣香酥。

❸ 將辣香酥鋪在貽貝上。

❹ 撒上起司粉，放入烤箱 220℃、烤約 7 ～ 9 分鐘。

韃靼鮭魚明蝦

材料

A
- 明蝦…2 尾
- 無鹽奶油…1 大茶匙
- 蒜頭…3 顆

B
- 紫洋蔥…100 克
- 小蕃茄…10 顆
- 香菜…1 株

C
- 煙燻鮭魚…3 片
- 酸豆…10 顆
- 醃漬小洋蔥…5 顆
- 白酒醋…1 大茶匙
- 蜂蜜…1/2 茶匙
- 黑胡椒…1/4 茶匙
- 橄欖油…1 大茶匙

準備作業

- 〔**材料 A**〕明蝦去頭尾殼、清腸泥，蒜頭去皮切末。
- 〔**材料 B**〕紫洋蔥去皮切碎，小蕃茄去蒂一開八，香菜切末。

作法

❶ 將明蝦切塊狀，醃燻鮭魚切 1 公分正方小丁。

❷ 熱鍋加入無鹽奶油、蒜末、明蝦塊炒香，可放入蝦頭殼增添香氣，取出放涼。

❸ 將〔**材料 B**〕混和拌勻。

❹ 再加入炒好的明蝦料、〔**材料 C**〕混和拌勻即完成。

作法 ❶

作法 ❷

作法 ❸

作法 ❹

Chapter

6

義大利麵 & 燉飯

PASTA & RISOTTO

蒜香辣椒鯷魚細扁麵

材料 | 1 人份 150 克

- 義大利細扁麵…150 克（煮熟的重量）
- 洋蔥…10 克
- 蒜頭…5 克
- 鯷魚…3 尾
- 酸豆…10 顆
- 紅辣椒…依個人喜好辣度
- 白酒…適量
- 雞高湯…100ml（參考 P.16）
- 九層塔…5 片
- 海鹽…適量
- 細砂糖…適量

準備作業

◆ 洋蔥去皮切末，蒜頭去皮切末，紅辣椒切末，九層塔切絲。

作法

❶ 義大利細扁麵水煮 4 分半鐘，起鍋拌入適量橄欖油。

❷ 取一平底鍋放入 1 大茶匙橄欖油，爆香洋蔥末、蒜末、鯷魚、酸豆、紅辣椒末。

❸ 用白酒嗆鍋，再加入高湯煮滾，放入海鹽、細砂糖調味。

❹ 加入細扁麵煮滾拌勻，撒上九層塔絲，收汁後起鍋。

作法 ❶

作法 ❷
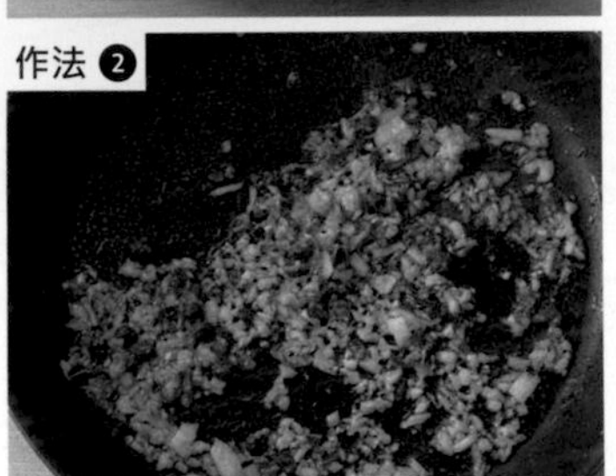

作法 ❸
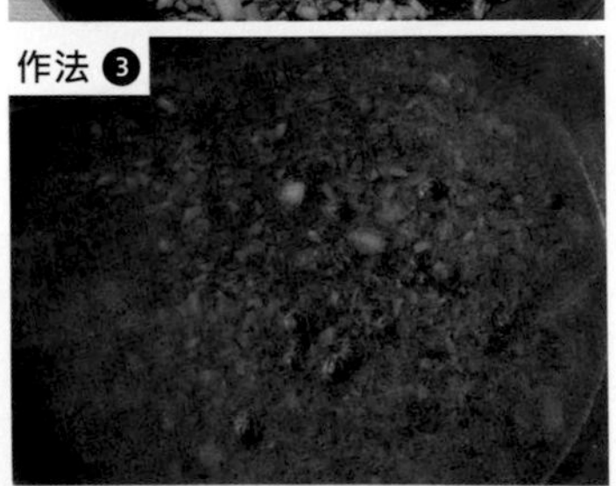

作法 ❹

義大利蕃茄冷麵

| 材料 | 2 人份 |

A
- 義大利細麵…300 克（煮熟的重量）

B
- 鯷魚…4 尾
- 蒜頭…4 克
- 洋蔥…8 克
- 酸豆…10 顆
- 白酒…15ml

C
- 小蕃茄…10 顆
- 蒜頭…3 克
- 紅洋蔥…10 克
- 九層塔…4 片
- 初榨橄欖油…10ml
- 巴薩米克醋…15ml
- 鹽…1 ～ 2 克
- 細砂糖…2 克

| 準備作業 |

◆〔**材料 B**〕蒜頭、洋蔥去皮切末。
◆〔**材料 C**〕小蕃茄去蒂切小丁，蒜頭、紅洋蔥去皮切末，九層塔切絲。

| 作法 |

❶ 義大利細麵水煮 3 分鐘，起鍋拌入適量橄欖油放涼。
❷ 熱鍋加入〔**材料 B**〕炒香。
❸ 〔**材料 C**〕混和拌勻成莎莎醬。
❹ 將所有食材組合即完成。

作法 ❶

作法 ❷

作法 ❸

作法 ❹

蒜苗鴨胸麻花捲麵

材料 ｜1 人份

A
- 麻花捲麵…150 ～ 180 克（煮熟的重量）

B
- 蒜頭…5 克
- 洋蔥…10 克
- 蒜苗…1 撮
- 紅辣椒…半支
- 香菇…2 朵
- 蘑菇…3 朵

C
- 煙燻鴨胸…5 片
- 白酒…15ml
- 雞高湯…100ml（參考 P.16）

D
- 無鹽奶油…5 克
- 檸檬…1 瓣

準備作業

◆〔**材料 B**〕蒜頭、洋蔥去皮切末，蒜苗切片，紅辣椒斜切片，香菇、蘑菇切片。

作法

❶ 麻花捲麵水煮 7 分鐘，起鍋拌入適量橄欖油。
❷ 取一平底鍋加入 1 大茶匙橄欖油，爆香〔**材料 B**〕。
❸ 加入〔**材料 C**〕煮滾，加入麻花捲麵拌炒均勻。
❹ 最後加入無鹽奶油炒勻，起鍋搭配檸檬片食用。

作法 ❶

作法 ❷

作法 ❸

作法 ❹

小惡魔
辣味鮮蝦義大利麵

| 材料 | 1人份

A
- 義大利麵…150～180克（煮熟的重量）

B
- 蒜頭…5克
- 洋蔥…8克
- 泰式打拋辣椒醬…7克
- 西班牙煙燻辣椒粉…3克

C
- 鮮蝦…5尾
- 白酒…15ml
- 雞高湯…100ml（參考P.16）

D
- 九層塔…4片
- 白蘭地…3ml

| 準備作業 |

- 〔**材料B**〕蒜頭、洋蔥去皮切末。
- 〔**材料D**〕九層塔切絲。

| 作法 |

❶ 義大利麵水煮7分鐘，起鍋拌橄欖油。
❷ 取一平底鍋加入1大茶匙橄欖油，爆香〔**材料B**〕。
❸ 加入〔**材料C**〕、義大利麵炒匀，收汁。
❹ 盛盤後撒上九層塔絲，淋上白蘭地。

作法❶

作法❷

作法❸

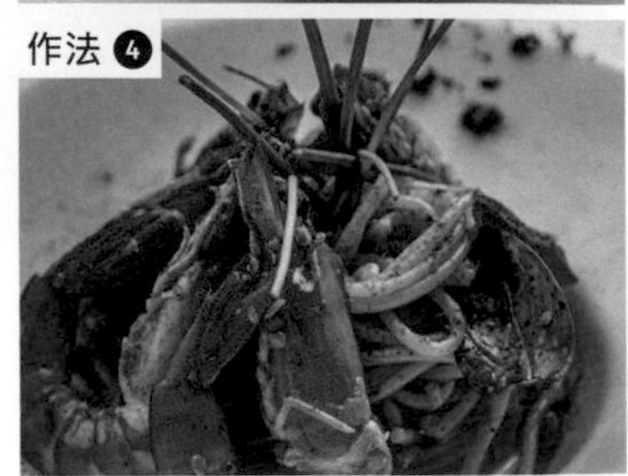
作法❹

波隆那蔬菜肉醬麵

材料 | 1人份

A
義大利細扁麵…180克（煮熟的重量）

B
無鹽奶油…3大茶匙
洋蔥…1～2顆
蒜末…3大茶匙

C
杏鮑菇…4條
蘑菇…半斤
香菇…半斤
紅蘿蔔…半條
青椒…半顆
西芹…2支
牛蕃茄…2顆

D
蕃茄糊…6大茶匙
豆包…5片
紅酒…200ml
蕃茄碎罐頭…1000ml
月桂葉…2片
俄力岡…1茶匙
匈牙利紅椒粉…2大茶匙
墨西哥香料…1.5茶匙
清水…600c.c.
鹽…適量
細砂糖…適量

準備作業

- 〔**材料B**〕洋蔥去皮切末。
- 〔**材料C**〕杏鮑菇、蘑菇、香菇切小丁，紅蘿蔔去皮切末，青椒去籽切小丁，西芹切小丁，牛蕃茄去蒂切小丁。
- 〔**材料D**〕豆包切小丁。

作法

❶ 義大利細扁麵水煮6分鐘，起鍋拌入適量橄欖油。
❷ 熱鍋放3大茶匙橄欖油爆香〔**材料B**〕，放入〔**材料C**〕菇類炒至出水，再加入其餘食材拌炒。
❸ 加入〔**材料D**〕炒至軟化燉煮30分鐘成肉醬。
❹ 熱鍋熱水放入細扁麵燙熟撈起，再淋上4大茶匙蔬食肉醬，可再撒上九層塔碎。

作法❶

作法❷

作法❸

作法❹

海膽櫻花蝦義大利麵

| 材料 | 1人份 |

A
- 義大利細扁麵…180 克（煮熟的重量）

B
- 無鹽奶油…1 塊（約 454 克）
- 海膽醬…1 罐
- 九層塔碎…30 片
- 巴西里碎…1 撮
- 蝦卵…100 克
- 白蘭地…15ml

C
- 洋蔥…30 克
- 蒜頭…10 克
- 甜豆…6 根
- 蘑菇…4 顆
- 雞高湯…250ml（參考 P.16）
- 動物性鮮奶油…20ml
- 炸香的櫻花蝦…適量

| 準備作業 |

◆〔**材料 C**〕洋蔥、蒜頭去皮切末，蘑菇切片。

| 作法 |

❶ 義大利細扁麵水煮 4 分鐘，起鍋拌入適量橄欖油。
❷ 將〔**材料 B**〕食材攪拌均勻，即完成海膽醬。
❸ 熱鍋放入 1 大茶匙橄欖油，爆香〔**材料 C**〕的洋蔥末、蒜末，再下甜豆、蘑菇炒 1 分鐘。
❹ 再放入〔**材料 C**〕其餘食材、義大利麵拌炒均勻，最後放入海膽醬炒勻，盛盤後撒上櫻花蝦即完成。

作法 ❶

作法 ❷

作法 ❸

作法 ❹

西西里
蕃茄海鮮義大利麵

材料 1人份

A
- 義大利麵…180克（煮熟的重量）

B 蕃茄醬汁
- 洋蔥…1顆
- 蒜頭…10顆
- 紅蔥頭…10顆
- 西芹…1支
- 青椒…半顆
- 紅蘿蔔…30克
- 蕃茄糊…100克
- 義大利蕃茄（罐頭）……………1500克
- 海鹽…10克
- 細砂糖…20克
- 義大利綜合香料…15克
- 月桂葉…3片
- 雞高湯…800ml（參考P.16）

C
- 洋蔥…2大茶匙
- 蒜頭…1茶匙
- 草蝦…適量
- 蛤蜊…適量
- 透抽…適量
- 貽貝…適量
- 白酒…30ml
- 雞高湯…100ml（參考P.16）
- 蕃茄醬汁…150ml
- 鹽…適量
- 細砂糖…適量
- 九層塔…5片

準備作業

◆〔材料B〕洋蔥、蒜頭、紅蔥頭去皮切末，西芹切丁，青椒去籽切丁，紅蘿蔔去皮切丁。

◆〔材料C〕洋蔥、蒜頭去皮切末。

作法

❶ 義大利麵水煮7分鐘，起鍋拌入適量橄欖油。

❷〔材料B〕將蔬菜下鍋炒香，再放入其餘食材。

❸ 小火燉煮20分鐘即完成蕃茄醬汁。

❹ 熱鍋下橄欖油1大匙，放入洋蔥末、蒜末、海鮮料爆香，再依序加入其他食材與義大利麵炒至收汁，盛盤後可刨上帕瑪森起司，風味更佳。

作法❶

作法❷

作法❸

作法❹

南瓜花椰菜米燉飯

| 材料 | 1人份 |

- 花椰菜…1/3 顆
- 南瓜…1 顆
- 蒜末…1 大茶匙
- 洋蔥末…2 大茶匙
- 香菇…5 朵
- 白酒…1 大茶匙
- 雞高湯…300ml（參考 P.16）
- 動物性鮮奶油…2 大茶匙
- 鹽…適量
- 細砂糖…適量
- 巴西里…適量
- 肉桂粉…適量

| 準備作業 |

◆ 香菇切片。

| 作法 | 烤箱溫度依每個廠牌狀態不同，溫度會有些許差異。

❶ 花椰菜泡水洗淨，使用調理機打碎。
❷ 汆燙 3 分鐘成花椰菜米備用。
❸ 將南瓜對切去籽，放入烤箱溫度 200℃、烤約 60 分鐘，放涼搗成泥取 2 大茶匙使用。
❹ 熱鍋放入 1 茶匙橄欖油，爆香蒜末、洋蔥末。
❺ 加入其餘食材與花椰菜米燉煮至收汁即完成。

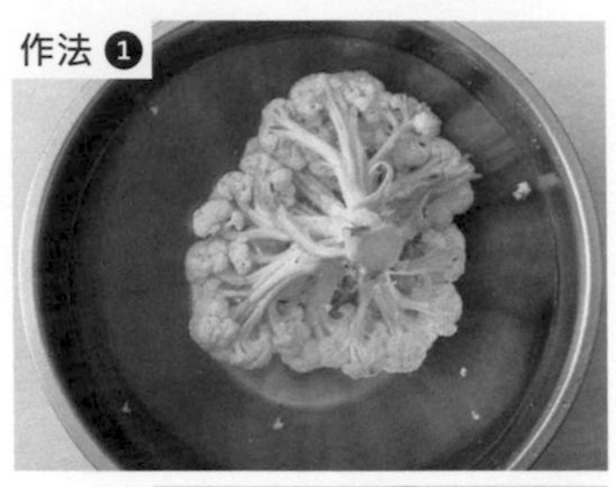
作法 ❶

作法 ❷

作法 ❸

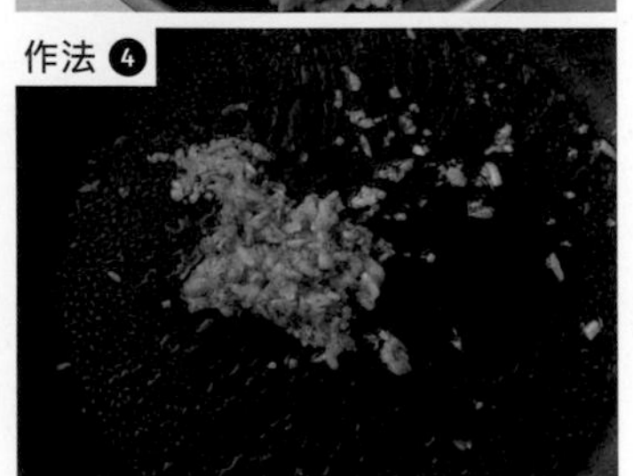
作法 ❹

作法 ❺

鵝肝醬
野菇義大利燉飯

材料 1人份

A 野菇料
- 金針菇…1 包
- 香菇…半斤
- 蘑菇…半斤
- 鹽…1/2 茶匙
- 義大利綜合香料…………1/2 茶匙

B
- 鵝肝醬…300 克
- 無鹽奶油…227 克
- 白蘭地…15ml
- 九層塔葉…20 片

C
- 橄欖油…1 大茶匙
- 蒜末…1 茶匙
- 洋蔥末…2 大茶匙
- 白酒…20ml
- 雞高湯…200ml （參考 P.16）
- 動物性鮮奶油…20ml
- 基礎燉飯…150 克 （參考 P.17）

準備作業

◆〔**材料 A**〕金針菇切小段，香菇、蘑菇切片。

作法

❶ 將〔**材料 A**〕放入烤盤，烤箱溫度 220℃、烤 90 分鐘，每隔 15 分鐘翻動一次成野菇料，取 2 大茶匙使用。

❷ 將〔**材料 B**〕放入調理機中，混和打成調味鵝肝醬，取 50 克使用。

❸ 取一平底鍋放入 1 大茶匙橄欖油，爆香〔**材料 C**〕蒜末，再放入洋蔥末炒香。

❹ 加入其餘所有材料燉煮至收汁即完成。

作法 ❶

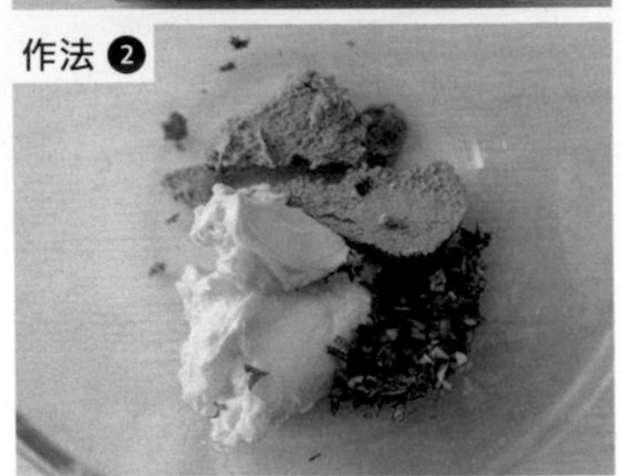
作法 ❷

作法 ❸

作法 ❹

濃縮野菇與紅藜麥

| 材料 | 2 人份

A
- 北非小米…200 克
- 橄欖油…50ml
- 黑胡椒…1/4 茶匙
- 鹽…適量
- 雞高湯…500ml（參考 P.16）

B
- 紅藜麥…50 克

C
- 野菇料…30 克（參考 P.146）

| 作法 |

❶ 將〔**材料 A**〕雞高湯加熱到 100℃，以沖泡方式與所有〔**材料 A**〕拌勻，加蓋燜 6 分鐘。

❷ 〔**材料 B**〕放入水中，煮約 15 分鐘撈起瀝乾水份備用。

❸ 將所有食材混和攪拌均勻即完成。

作法 ❶

作法 ❷

作法 ❸

西班牙海鮮燉飯

作法 ❶

作法 ❷

作法 ❸

作法 ❹

材料 2 人份

- 洋蔥…15 克
- 蒜頭…2 顆
- 義大利米…200 克
- 雞高湯…600ml（參考 P.16）
- 白酒…70ml
- 番紅花…1 小撮
- 臘腸…半條
- 無鹽奶油…2 大茶匙
- 依個人喜好加海鮮…適量（貽貝、草蝦、蛤蜊、透抽）

準備作業

◆ 洋蔥、蒜頭去皮切末，番紅花泡 50c.c. 水至有顏色。

作法 烤箱溫度依每個廠牌狀態不同，溫度會有些許差異。

❶ 熱鍋放入 2 大茶匙橄欖油，爆香蒜末、洋蔥碎，再加入義大利米炒香。
❷ 嗆入白酒，加入雞高湯、臘腸、海鮮炒勻。
❸ 海鮮煮至半熟後撈起，放入泡水的番紅花汁、其餘材料繼續燉煮到收汁，放入無鹽奶油拌勻。
❹ 盛盤後，可加些花椰菜裝飾，放入烤箱約 220℃、烤約 9 分鐘即完成。

奶油鮮蚵義大利燉飯

| 材料 | 2 人份 |

A
- 蒜末…1 茶匙
- 洋蔥末…2 大茶匙
- 白酒…15ml
- 雞高湯…200ml（參考 P.16）
- 動物性鮮奶油…2 大茶匙
- 基礎燉飯…150 克（參考 P.17）
- 野菇料…30 克（參考 P.146）
- 鮮蚵…20 顆
- 鹽…適量
- 細砂糖…適量

B
- 巴西里末…適量
- 蒔蘿末…適量

| 作法 |

❶ 鮮蚵去殼，洗淨備用。

❷ 熱鍋放入 1 大茶匙橄欖油、蒜末、洋蔥末爆香。

❸ 加入野菇料、雞高湯、蚵仔燉煮。

❹ 再加入其餘〔**材料 A**〕，燉煮至收汁撒上〔**材料 B**〕即完成。

作法 ❶

作法 ❷

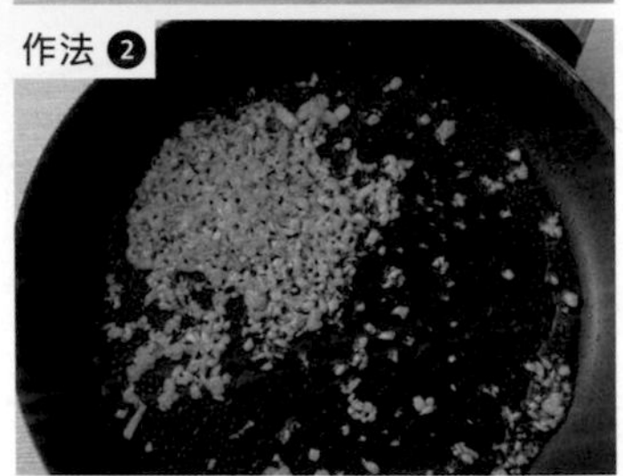

作法 ❸

作法 ❹

松露牛肝菌燉飯

| 材料 | 1人份 |

A
- 牛肝菌…15克
- 鮮味露…10ml
- 清水…100c.c.

B
- 蒜頭…2瓣
- 洋蔥…20克
- 白酒…20ml
- 雞高湯…200ml（參考P.16）
- 動物性鮮奶油…30ml
- 基礎燉飯…150克（參考P.17）
- 鹽…2克
- 細砂糖…2克

C
- 松露醬…1大茶匙

| 準備作業 |

◆〔**材料B**〕蒜頭、洋蔥去皮切末。

| 作法 |

❶〔**材料A**〕浸泡30分鐘，放入調理機中打勻成牛肝菌醬，取30ml使用。
❷ 熱鍋加入2大茶匙橄欖油，爆香蒜末、洋蔥碎。
❸ 嗆入白酒，依序加入其餘〔**材料B**〕、牛肝菌醬燉煮。
❹ 慢燉至收汁，最後加入松露醬拌勻即完成。

作法❶

作法❷
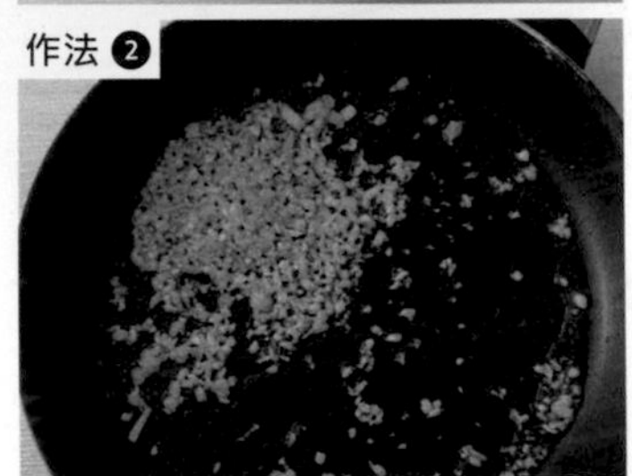

作法❸
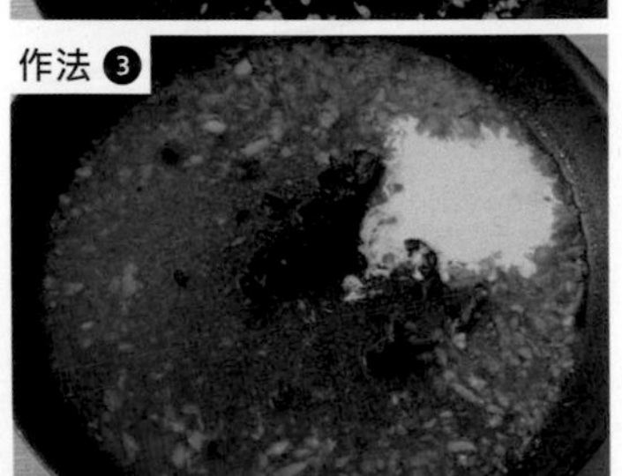

作法❹
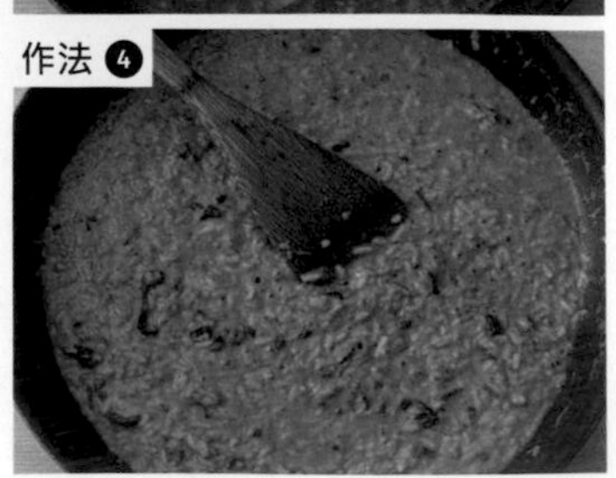

Chapter

7

小　點

SNACKS

義大利 Taralli 脆餅

示範影片

影片來源：NTD 廚娘香Q秀

材料

- 低筋麵粉…250 克
- 鹽…5 克
- 橄欖油…64 克
- 白酒…100ml
- 黑胡椒…1 小撮
- 蒜頭…30 克
- 蒔蘿…15 克

準備作業

◆ 蒜頭去皮切末。蒔蘿切末。

作法

烤箱溫度依每個廠牌狀態不同，溫度會有些許差異。

❶ 鍋中放入所有食材。

❷ 混和拌勻成光滑麵糰。

❸ 將麵糰分割，揉成長條狀，再分成每顆 8 ～ 10 克小麵糰，整形成甜甜圈形狀。

❹ 煮一鍋水，水滾後放入麵糰，煮至浮起，撈出瀝乾，放上烤盤。

❺ 放入烤箱上下火 190℃、烤約 30 分鐘，出爐後須放涼變脆再食用。

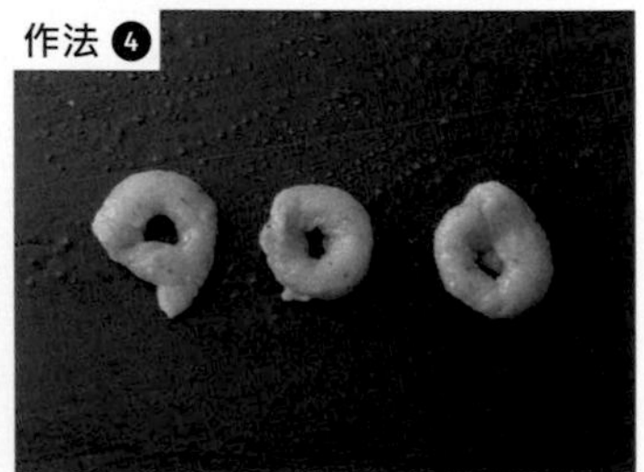

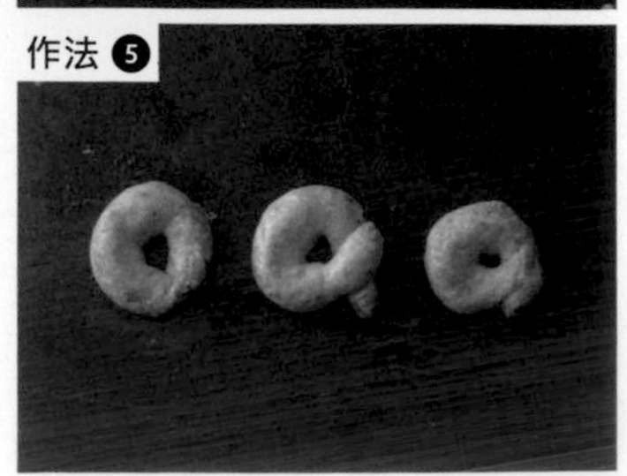

艾米利亞夾餅

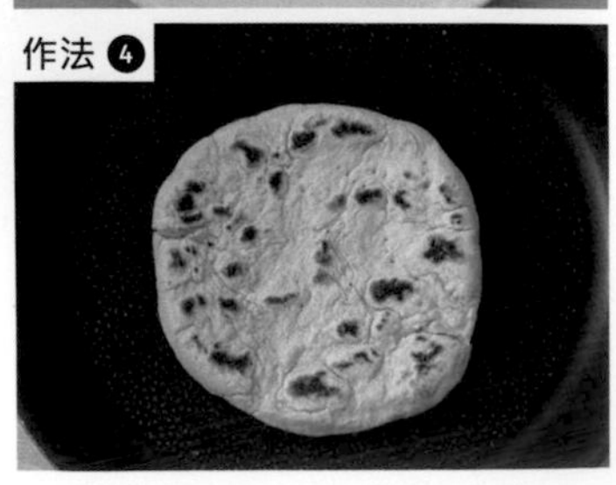

材料

- 中筋麵粉…500 克
- 蘇打粉…2 克
- 豬油或無鹽奶油…75 克
- 溫牛奶…280ml（約 50℃）
- 鹽…7 克

作法

1. 將所有食材混和拌勻。
2. 揉至光滑麵糰，蓋上保鮮膜醒麵 30 分鐘。
3. 平均分割約 6 ～ 8 等份，整形成圓餅狀，用叉子叉一些洞。
4. 乾鍋烙至兩面金黃，取出後可夾生火腿片、生菜、蕃茄食用。

拿坡里鯷魚煎麵

| 材料 |

A
- 蒜末…1茶匙
- 洋蔥末…2大茶匙
- 鯷魚…1盒（1小盒約5尾）
- 乾辣椒…1/2茶匙
- 白酒…2大茶匙

B
- 雞蛋…2顆
- 蛋黃…1顆
- 帕瑪森起司…1大茶匙
- 巴西里碎…1大茶匙
- 鹽…1/4茶匙
- 細砂糖…1/2茶匙
- 黑胡椒…1/4茶匙
- 煮熟的義大利麵…200克

| 作法 |

❶ 熱鍋放入2大茶匙橄欖油，將〔**材料A**〕炒香，取出後放涼。

❷ 〔**材料B**〕混和均勻，加入炒香的〔**材料A**〕。

❸ 取一平底鍋，放入2大茶匙橄欖油加熱至150℃，放入拌勻的麵，煎至兩面金黃酥脆即完成。

entury
popular, sugar became easier
sugars were still very expens
sugar to have a very pure
afford to have a
status of the
hite icing on
we know it no
pold,
wedding cake
not be

黑糖紫米桂花釀

材料

- 紫米…200 克
- 水 ...1000c.c.
- 桂花釀…100ml
- 黑糖…適量
- 椰奶…適量

作法

❶ 紫米洗淨，水煮約 20 分鐘熟透，將煮紫米的水過濾加入黑糖做成甜湯底。
❷ 準備好桂花釀、椰奶。
❸ 先將紫米盛入碗中。
❹ 加入甜湯、桂花釀、椰奶即完成。

作法 ❶

作法 ❷

作法 ❸

作法 ❹

西班牙甜脆餅

材料

A

- 低筋麵粉…350 克
- 海鹽…3 克
- 蒔蘿…4 克
- 細砂糖或二砂糖…45 克
- 酵母…7 克
- 溫開水…150c.c.
- 初榨橄欖油…100ml
- 義大利綜合香料…3 克

B

- 糖粉…適量
- 蛋白…1 顆

作法

烤箱溫度依每個廠牌狀態不同，溫度會有些許差異。

1. 酵母與溫開水拌勻，靜置 10 分鐘。
2. 所有〔**材料 A**〕放入盆中攪拌均勻。
3. 揉至光滑，蓋上保鮮膜靜置 15 分鐘。
4. 再將麵糰平均分割成 7 份滾圓。
5. 再用擀麵棍擀成牛舌餅狀，塗上蛋白，撒上糖粉。
6. 放入烤箱上下火 200℃、烤約 12 分鐘即完成。

作法 ❶

作法 ❷

作法 ❸

作法 ❹

作法 ❺

作法 ❻

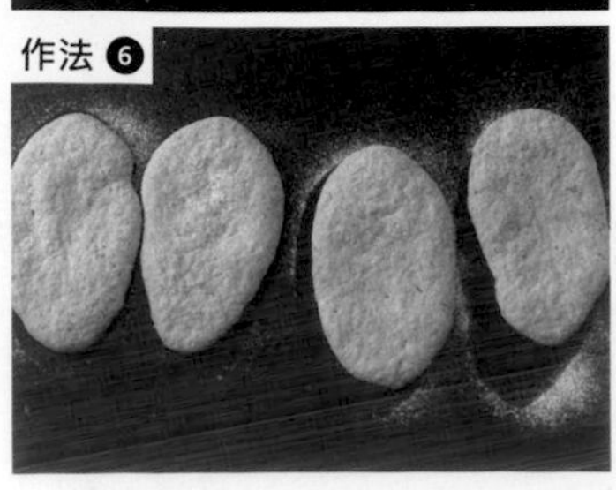

堅果野菇鬆糕

材料

A
- 野菇料…200 克（參考 P.146）
- 無鹽奶油…1 大茶匙
- 洋蔥…60 克
- 蒜頭…10 克
- 百里香…1/4 茶匙

B
- 堅果…200 克
- 帕瑪森起司…100 克
- 雞蛋…3 顆
- 動物性鮮奶油…300ml
- 鹽…1/2 茶匙
- 細砂糖…1/2 茶匙
- 黑胡椒…1/4 茶匙
- 核桃…150 克

準備作業

- 〔**材料 A**〕蒜頭、洋蔥去皮切末。
- 〔**材料 B**〕核桃先放入烤箱上下火 180℃、烤香至熟。

作法

烤箱溫度依每個廠牌狀態不同，溫度會有些許差異。

❶〔**材料 A**〕放入鍋中拌炒至香，取出放涼。
❷〔**材料 B**〕放入盆中混和拌勻。
❸ 放入炒香的〔**材料 A**〕拌勻。
❹ 取布丁皿內側塗上無鹽奶油，倒入麵糊，放入烤箱上下火約 160℃、隔水蒸烤約 40 分鐘。

作法 ❶

作法 ❷

作法 ❸

作法 ❹

淑女之吻

材料

A
- 杏仁粉…100 克
- 細砂糖…60 克
- 低筋麵粉…100 克
- 香草粉…少許
- 柳橙皮碎…半顆
- 無鹽奶油…100 克
- 鹽…適量

B
- 苦甜巧克力…60 克

作法　烤箱溫度依每個廠牌狀態不同，溫度會有些許差異。

❶〔**材料 A**〕混和拌勻，封膜，冰入冰箱 1 小時。

❷ 每個分割約 8 ～ 10 克。搓成圓球狀。

❸ 擺在烤盤上，進烤箱上下火 160℃、烤約 30 ～ 35 分鐘。

❹ 苦甜巧克力隔水加熱，烤好的餅乾平的那面抹上巧克力，兩兩夾心即完成。放涼食用風味更佳。

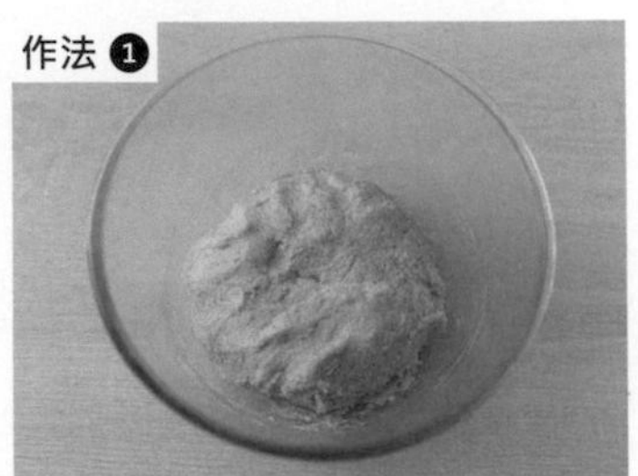

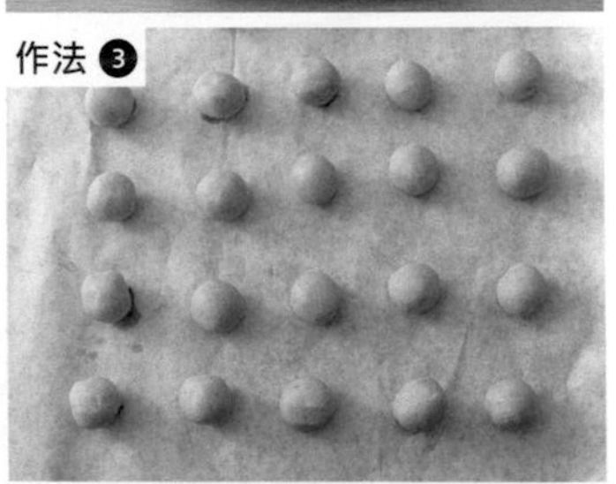

甜在心 Pizza

材料

A
- 高筋麵粉…350 克
- 低筋麵粉…150 克
- 鹽…4 克
- 細砂糖…5 克
- 初榨橄欖油…50ml

B
- 溫水…325c.c.
- 酵母…7 克

C
- 細砂糖…適量
- 起司絲…適量

作法

烤箱溫度依每個廠牌狀態不同，溫度會有些許差異。

❶〔**材料 B**〕混和拌勻。

❷〔**材料 A**〕放入盆中，加入拌勻〔**材料 B**〕。

❸ 攪拌均勻成糰，封膜，放入冷藏 24 小時。

❹ 發酵好麵糰，分割每個約 250 克滾圓。

❺ 整形成圓片 Pizza 狀。

❻ 撒上細砂糖、起司絲，放入烤箱上下火 230℃、烤約 10 分鐘取出，可撒上 OREO 餅乾碎、淋上蜂蜜食用。

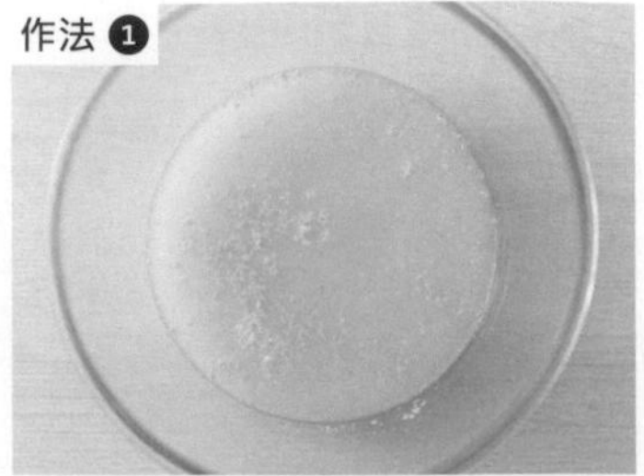

義大利杏仁脆餅

材料

- 含皮杏仁…95 克（烤熟）
- 全蛋…1 顆
- 蛋黃…2 顆
- 細砂糖…100 克
- 無鹽奶油…20 克
- 泡打粉…2 克
- 低筋麵粉…200 克
- 鹽…1/4 茶匙

作法

烤箱溫度依每個廠牌狀態不同，溫度會有些許差異。

❶ 將全蛋、蛋黃、細砂糖放入盆中，攪拌均勻成淺淡黃色微濃稠狀。

❷ 再加入其餘材料攪拌均勻成糰。

❸ 整形成圓柱條狀，寬約 4 公分，放入烤箱上下火 190℃、烤約 10 分鐘，取出放涼。

❹ 切片成 2 公分厚度，再放進烤箱降溫上下火 170℃、烤約 15 ～ 20 分鐘，放涼後風味更佳。

作法❶

作法❷

作法❸

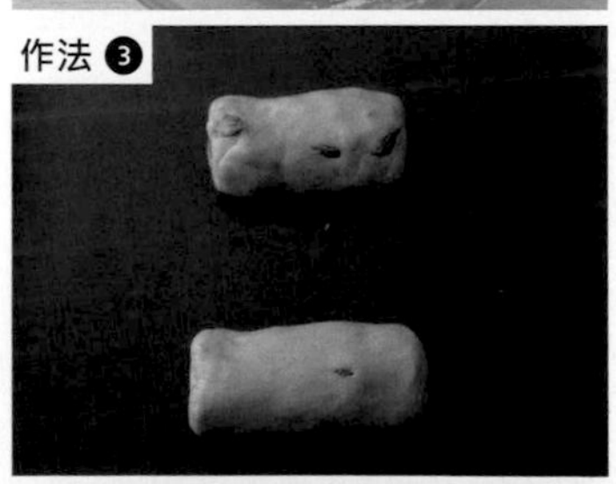

作法❹

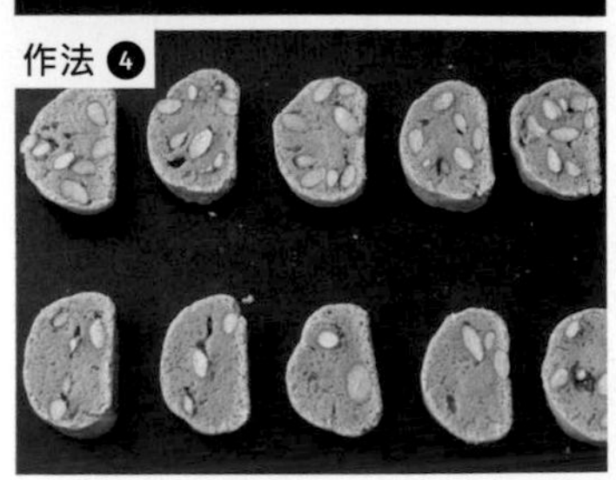

國家圖書館出版品預行編目（CIP）資料

森活好煮藝／周文森著. -- 一版. -- 新北市：優品文化，
2021.01；176面；19x26公分. --（Cooking；2）
ISBN 978-986-99637-6-3（平裝）

1. 食譜

427.12　　109020439

Cooking：2

森活好煮藝：私廚秘密料理

作　　者・周文森
總 編 輯・薛永年
美術總監・馬慧琪
文字編輯・董書宜
美術編輯・黃頌哲
攝　　影・王隼人、黃宇嘉
協　　力・感謝影片來源「新唐人電視台」廚娘香Q秀

出 版 者・優品文化事業有限公司
地址：新北市新莊區化成路293巷32號
電話：(02) 8521-2523 / 傳真：(02) 8521-6206
信箱：8521service@gmail.com
（如有任何疑問請聯絡此信箱洽詢）

印　　刷・鴻嘉彩藝印刷股份有限公司

業務副總・林啓瑞 0988-558-575

總 經 銷・大和書報圖書股份有限公司
地址：新北市新莊區五工五路2號
電話：(02) 8990-2588 / 傳真：(02) 2299-7900
網路書店：www.books.com.tw 博客來網路書店

出版日期・2021年1月
版　　次・一版一刷
定　　價・450元

上優好書網

FB粉絲專頁

LINE官方帳號

Youtube頻道

Printed in Taiwan
書若有破損缺頁，請寄回本公司更換
本書版權歸優品文化事業有限公司所有・翻印必究

Cooking 01

尋找台灣味 定價：350 元

道道採用台灣各地風味食材，不甘流俗的許師傅將食譜引用到日常生活、餐飲風潮上用心將台菜晉升為饒富新意的新滋味。

Baking 01

邱獻勝老師的烘焙教室

定價：480 元

滿懷熱情的投入廚房，享受這空間的香氣，「成功與失敗」我們都欣然接受，而廚房外的時光，每一個相遇都是緣份，在吵吵鬧鬧的機器運轉聲中，陪伴大家，走過四季。

優品文化事業有限公司
電話：(02)8521-2523
傳真：(02)8521-6206
信箱：8521service @ gmail.com
網站：www.8521book.com.tw

/ 影片示範 / 老海灣蟹肉餅　/ 影片示範 / 義大利 Taralli 脆餅　/ 影片示範 / 紫羅蘭的夢幻

※ 以上影片由「NTD 廚娘香Q秀」提供

義式的好味道在家也能完美複刻！

書中涵蓋前菜、沙拉、湯品、肉品、海鮮
義大利麵 & 燉飯、小點，讓您從前菜一路吃到點心

/ 前菜 /

主餐前的第一道料理，
繽紛的色彩勾起你我享用美食的味蕾

/ 沙拉 /

青翠的蔬菜搭配醬汁，舞出新的滋味及美味，
讓單調的沙拉增添更多趣味

/ 湯品 /

每道湯品都是時間的精華，
不論是濃湯、清湯在鍋中的燉煮都是精髓

/ 肉品 /

肉品除了掌控新鮮度，再來就是烹調的技巧了，
教您在舒肥中控制肉的鮮嫩

/ 海鮮 /

鮮蝦魚貝類的味道，講究原汁原味的烹調，
一口鮮、一口美味

/ 義大利麵 & 燉飯 /

義大利麵的Q彈、配料的處理，
燉飯的口感掌握、熬煮時間一步步帶您去體會

/ 小點 /

最後的最後，安撫您嘴饞的小胃口，小點心供您回味

ISBN 978-986-99637-6-3
00450
9 789869 963763

上優好書網

FB 粉絲專頁

LINE 官方帳號

Youtube 頻道

在家也能輕鬆做！

無蛋奶烘焙小點

100%

純素

吳仕文、施建瑋、吳玉梅、簡維岑、崔銀庭、李秀眞、游香菱——著

/ 作者 /

吳仕文

/ 現職 /

◆ 佛光大學健康與創意蔬食產業學系
  - 專任副教授級專業技術人員

/ 學歷 /

◆ 國立澎湖科技大學觀光休閒事業管理研究所
  - 餐旅組碩士

/ 證照 /

◆ 烘焙食品技術士技能檢定
  - 術科測試乙丙級監評人員
◆ 烘焙食品職類蛋糕、麵包項目 - 乙級
◆ 中式麵食加職類酥糕項目 - 乙級
◆ 中餐烹調職類素食 - 乙級
◆ 中餐烹調職類葷食項目 - 乙級
◆ 烘焙食品職類餅乾、西點蛋糕、麵包 - 丙級
◆ 中式米食加工職類米粒、一般漿團項目 - 丙級
◆ 中式米食加工職類熟粉、一般膨發類項目 - 丙級
◆ 中式米食加工職類米粒、米漿項目 - 丙級
◆ 餐飲服務職類 - 丙級
◆ 西餐烹調職類 - 丙級
◆ 中餐烹調職類葷食 - 丙級
◆ 調酒職類 - 丙級

/ 競賽 /

◆ 2019 年海峽客家烹飪大賽 - 金牌
◆ 2018 年北區客家等路大賽 - 第二名
◆ 2017 年東區客家美食料理競賽 - 亞軍
◆ 2017 年北區客家等路大賽 - 第一名
◆ 2017 年香港國際美食大獎 - 銅牌
◆ 2016 年馬來西亞檳城挑戰賽 - 銅牌
◆ 2015 年第十一屆國際美食養生大賽 - 金牌
◆ 2014 年國際美食養生烹調觀摩大賽 - 金牌
◆ 2012 年 FHA 新加坡國際廚藝挑戰賽 - 銅牌